頂尖文庫 EA035

組織

ORGANIZATIONAL CHANGE

變革

成功的組織變革,不僅能提升組織績效與競爭力
更能精進個人工作成效以及提高工作滿意度
確保了組織的永續發展

蔡金田

著

序

　　及時與永續的適應市場的快速變化，是組織與組織成員共同生存和發展的先決條件。因應市場的變遷，組織需要進行體質的轉化與創新，這包括組織模式的重新設計、持續重建與再結構化、組織學習和員工培訓以及與組織成員的有效溝通等；而組織的重要工作夥伴－組織內部成員，則必須在組織變革過程中與組織領導階層持續互動與接收變革相關訊息，並進行個人知識、能力、觀念與態度的轉化並進行學習。組織成員若能順利適應組織變革，不僅有助於改善組織的運作，更有效改善個人的工作成效以及提高工作滿意度。

　　除了市場的快速變遷，現代組織需要變革的另一主要原因是技術的演化與創新。新的原料、產品、方法和操作，要求組織適應和實施新技術，透過組織結構、行為和過程的轉變來成就組織的成長與發展。而組織成員必須不斷成長，更新自我的知識，在組織變革過程中扮演變革成功的重要推手。

　　新模式的簡化也是組織需要進行變革的因素之一，全球化、整併、收購和重組，不斷變化的供需、新方法的創造或廢除、新的發展服務，使市場的運作成為一個不斷變化和動態的系統，任何組織若無法迅速進行變革，將無法滿足新的需求並為此做出貢獻，成為市場競爭的重要成員。

　　社會和政治因素的影響亦引導組織流程的改變。現代組織不斷被要求適應不穩定的內部和外部環境，以便在競爭中擴大市場的佔有率。在政治、經濟、科技和社會因素不斷發展的框架內，組織進行變革有其絕對必要性，組織變革是組織管理階層亟須採取的必要措施，俾利更好地應對更廣泛的組織內外部環境變化，達成永續發展的目標。

　　組織及時和持續地因應變革，是生存和發展的主要先決條件，組織學習、文化與溝通、組織成員的轉化、組織的解構與重構，都是影響組織變革與長期發展的重要因素。本書針對組織變革的重要議題依序加以探討，首先，第一章緒論，介紹組織變革乃是組織發展的持續歷程，是不可變的趨勢；第二章介紹組織變革的意涵、探討組織變革的相關理論基礎；第三章談論組織變革與組織發展兩者不可分割的關係；第四章則在探討組織變革過程中，無法規避成員抗拒的問題，以做為組織變革事先因應的規畫；第五章則以普遍受到組織領域知識重視的組織之文化議題，探究組職變革與組織文化的關係；第六章重點放在組織成員面對組織變革的轉化學習，以因應組織變革個人知識、技術與問題解決能力的提升；第七章則強調組織學習在組織變革發展的重要性；第八章則聚焦組織溝通，只要有組織就需要溝通，當組織進行變革，組織溝通更形重要；第九章則一一論述組織變革的模式，做為不同組織實施變革的參考；第十章結論，總結本書組織變革相關論述，完成本書之論著。

李金田 謹識

於 暨南國際大學

中華民國 108 年 9 月

目次

圖目錄

第一章　緒論

　　時代的巨輪始終不停地向前運轉，由農業時代、工業時代到知識經濟時代。知識經濟時代，數位科技引領風騷，帶動環境的演進、社會的變遷與知識的革新。為了永續組織的競爭力與擴大服務市場，在經濟、科技與社會的持續發展中，組織必須不斷的適應內部與外部環境的變遷去進行組織的變革(organizational change)，亦即組織為因應社會與經濟結構的改變必須採取相對應的措施，諸如組織結構、行為與運作過程的變動，以催化組織的前瞻與發展。正如 Mourfield(2014)提到一個組織要能確保成功，必須能優雅的轉身，進行變革。李隆盛、黃同圳（2000）亦談及，組織變革係組織受到組織內外在因素影響，所採取計畫性或非計畫性、整體或局部調整的過程，而組織變革通常會從「穩定狀態」變成「不穩定狀態」再轉成「穩定狀態」。因此任何組織應有效的掌控組織變革，而變革的核心問題是整體組織的成員，是否能融入整個組織當中，而成員的態度與管理是重要因素之一。

　　組織變革是組織發展的一個顯著特徵(Martin, 2006)。在組織變革領域的研究中，常將其定義為主動尋求和識別組織的發展機會，因此，組織變革涉及識別和(或)確認組織面對外部環境的經濟、社會、科技和政治動態的靈活策略(Cummings & Worley, 2008; Huber, 1993; Oden, 1999)。無論組織變革目標是什麼（如改變組織的法律地位、組織服務/產品多樣性、重新定義個人和團隊的任務和活動、適應新科技、重構和重組組織過程、重塑組織形象)(Kubr, 1992)，或其對外部的挑戰回應（即反應性或主動性），在變革的轉型過程中最重要的資源是人 (Bogathy, 2004)，因此，人的價值觀、態度和行為至關重要。組織能正確理解和管理員工參與以及其對組織目標的承諾，是支持和實現變

革迫切需要的基石。相對地,若管理不善或無視上述面向的重要性將可能導致冷漠、被動、主動或極端的侵略性抵抗(Spector, 2007)。秦克堅、姚文成(2011)研究發現:一、管理者在變革執行前應擬定完善計畫,使能稀釋變革所帶來的負面影響,完善的計畫性變革是有助於變革的執行;二、當員工面對組織變革時,管理者必需讓員工有充分瞭解組織執行變革的必要性。當組織成員對於變革態度持較正面的態度,越能肯定組織的變革,組織會更容易達成變革的目標。因此組織變革關係組織發展,而其實踐過程必須妥善規劃與謹慎執行。

組織因應環境的變革計劃、方案與實踐都是現代組織必須面對且無法規避的現實與複雜的過程。而組織變革的研究也必須同時圍繞著環境的遷移,而有所調整,因為多元環境變遷下的組織,必須以不同的形式來運作,諸如被稱為轉型、發展、重組、重構、調整和創新。儘管對變革的速度、努力和方向存在分歧,但在兩個問題上存在共識:第一,面對當前組織的變革步伐從未如此強烈(Arnold 等, 2005; Bamford & Forrester, 2003; Beer & Nohria, 2000; Burnes, 1996, 2004; Kotter, 1996; Schabracq, 2003; Todnem, 2005);其次,所有類型的組織都會受到變革的影響,因為變革是由外部和內部力量的結合所驅動(Beer & Nohria, 2000; Burnes, 1996, 2004; Dawson, 2003; Kotter, 1996)。外部力量往往包括全球化、市場競爭、新科技、大型政治事件、政府法規以及社會和客戶的整體期望;內部力量往往涉及工作場所的多樣性、行政管理結構、戰略方向、新科技的實施和市場機會(French & Bell, 1999)。 Furnham(2005)指出,變革是各種組織因素的相互作用(例如決策的集中化、形式化和專業化程度、組織層次、複雜性、組織年齡和規模),並結合個人因素(例如員工、年齡、教育水平、培訓、價值觀、信仰和地位等級)。

由上可知,組織變革的觸動因素具多樣性;變革運作方式則視組織變革目的而有所不同;而變革成敗則繫於人的管理,存在於組織與員工、以及員工與員工的互動關係。組織變革已然是生活中存在的事實,是組織理論與管理的核心問題。組織變革涉及組織的使命、願景的改變流程,對個人和組織

層面都會影響。組織如果感受的變革是需要的，就必須迅速調整他們的行為，並尋求組織的新發展方向；但大體而言，組織變革常被認為是不必要的或非常困難，組織也難以適應。變革在組織中不斷的在發生，從科技、結構、流程到以人為中心的管理變革(Mourfield, 2014)。

　　就當前全球發展趨勢而言，科技的日新月異儼然是促使組織必須進行變革的主要原因之一，從工業 4.0 展現的「創新思維、協同創作」的組織資產，追求創建智慧組織的國際品牌。因此組織面對當前科技的革新，不僅要將新科技的運用於產品的輸入、過程與產出，組織成員也必須不斷地更新本身的知識，以因應科技與全球化的到來。以教育言論，台灣教育在此時代潮流驅使下，亦歷經一連串的變革，在二十世紀九 0 年代陸續推動「學校效能」，積極建立有效能的學校；追求「卓越教育」，提升辦學品質；力求「標準本位」，強調學習內容與學習方法；倡導「資訊融入教學」，將科技知識、科技教學知識等融入學科內容教學。邁入二十一世紀後，「優質學校」、「標竿學校」、「特色學校」、「理念學校」、「翻轉教育」、「實驗教育三法」、「教育 4.0」的創新思維等，每一次的教育革新，都為教育注入更多的活水，激發更多的火花，也提醒著教育主管機關、學校領導者以及教育工作者，應積極擁抱時代的變革，從個人、團隊到組織必須在觀念、思維與策略上應與時俱進，蛻變創新。據此，科技的急速演進在公私部門均產生極大的影響，也喚起另一波的組織革新。

　　如上所言，科技乃當前組織變革的重要因素之一，實際上科技的變革將對組織績效產生正面與直接的影響，而組織的行政變革可經由科技的革新來間接帶動績效的成長，然在此行政革新的適應過程中，組織文化亦扮演著重要的角色；Barr et al.(1992)認為，組織變革需要管理者與跟隨者同時因應環境與組織變革的發生，採取新的心智模式，來適應快速變遷的環境。Greiner(1967)主張，經由外部組織聲望與技術的引進來促成組織變革的成功，如此變革的機會較高、抗拒較少，有利於成功的組織變革。Leavitt(1965)也持相同的看法，他認為，優質外部組織的引進有助於組織變革成功，因為他們

擁有更客觀與科學的方式，用最佳的分析與方法產生真實的結果。此外，組織應有積極性與反思的行為能力，反思是組織變革的重要元素，正如 Senge（1990）談到，組織應該提升組織參與和組織反思的能力；Burnes（2004）亦提及，反思型組織比非反思型組織更有效能，主動行為應該包含在組織戰略中，組織應該優先分析並反思有關其整體績效的訊息。綜上，組織文化、組織與個人學習及反思以及組織外部標竿的引進等，都是促成組織有效變革的重要因素。

　　組織變革是組織力求生存以圖永續發展的策略，因此必須採取新的理念、行為與策略，為變革搭建有利的橋樑，其中管理人員或領導者的扮演重要的角色。Baker 與 Wruck (1989)、Zhou et al. (2006)指出，組織變革的發生可能源於新科技革命、新系統的執行過程以及組織流程的更新；Liberatore(2000)認為組織變革一種知識的創新與傳播，是合作與溝通型態的改變，亦即受限於當前組織結構，以致於無法創建新的組織角色與規範。Choi(1995)談到，組織變革必須從兩個面向進行改變，一是從科技到結構的革新，二是從個人心裡到組織的改變；Liberatore et al. (2000) 認為，組織變革是執行與轉型的變革，其中轉型的變革包括組織的重新設計與更新，且組織的重新設計與更新並非基於傳統的科學管理模式；而執行的變革則基於組織模式的改變，是指過程革新的樣式。由此可知組織變革是一種轉型的過程，包括組織的轉型與人的轉型。

　　通常人們面對組織的變革會感到害怕，並且產生抗拒。為了克服組織變革所產生人員的抗拒現象，Zhou et al. (2006)認為組織可善用以下策略：教育與承諾、參與、融入、促進與支持、談判與認同、操作與合作以及隱性與顯性的趨使力；Halko (2012)認為，組織可透過三個層面來調和組織變革產生的影響，亦即動機、機會與能力的革新。Halko 接續提出，為減少組織變革所產生的抗拒現象，可採取以下措施：一、避免、過度與不必要的變革：變革必須是需要且有即時性的，任何政策與流程的改變將會對員工產生壓力，影響其工作滿意度；二、逐步引導變革：變革的理念應逐步且有足夠時間給予員

工認知與理解，否則再好的理想也會遭致失敗；三、準備變革：在給員工足夠的資訊與對於變革有所理解之後，將能降低員工的恐懼與反抗，組織便可著手準備進行革新。由上可知，變革是在必要的、有策略的情形下，漸進與演進的逐步推動，以力求變革願景的實踐與理想的達成。

　　另外，成員的能力與工作的強度兩者的關係亦會影響組織的變革。Cummings 與 Worley(2008)認為 Lewin 所提出組織變革領域的研究和實踐的理論模式對組織變革有著重要影響，其中包含兩個重要特徵(Spector,2007)：一、個人行為是人格特質與環境特徵的結合。因此，改變行為的最佳方法是改變環境；二、行為改變從個人層面的促進，從而到組織層面。Akerlof(1982)提到，相關的參照團體是組織成員工作的依據，它告知組織成員的努力與薪資待遇是否公平，兩者存在一種互動的關係。其次，在成員能力方面，Halko(2012)認為組織變革必須經由多元的互動，引導組織成員改變本身的知識、能力、工作時間、勞動關係、環境與過程。Halko 認為透過成員知識的改變，讓知識對成員本身與組織產生效益，其中知識的分享是重要的策略；態度與知識不同，它包含正向與負向情緒，是一種心理與情緒因素的參數，要比知識困難許多，組織成員會用自己的方式去評估工作情境，然後決定接受或拒絕執行的方式。

　　社會系統和社會行為（組織個人和群體行為）可以根據價值觀、規範、社區和接踵而來的個人角色來定義和解釋。從這個角度來看，Fararo(2001)認為 Homans 所提出源自行為心理學的理論命題或可參考：一、行為是利益導致的結果：在環境中所採取的個人行為的結果可能是積極的（如獎勵、激勵、正向的強化）或消極的（如制裁、懲罰或其他負面強化）。因此，行為選擇是根據最初做出的決定的結果所建構的；二、社會行為是一種交換過程：從這個角度來看，交換過程為行為系統之間的社會互動，這種互動及所謂「行動和反應」，其基礎為個人欲從他人的行為中獲得的利益，因此採取社交、合作和競爭等形式。考慮個體和群體行為變化的理論原則如下：一、成功原則：行動強化越頻繁，行動重複的可能性就越大。二、相似情況的刺激將產生強

化效果：因此，如果過去使用某種刺激作為強化物，則未來的刺激越類似於該特定刺激時，個體對先前強化的刺激進行相同或相似動作的可能性就越大。三、價值原則：行動的結果越有價值，重複該行動的可能性就越大。四、剝奪/充分性原則：使用的強化物越多，後者對個體的價值就越小。五、攻擊或認同原則：當成員的特定行為所獲得的獎勵或懲罰與個人的期望相抵觸時，後者將在情緒上作出反應，攻擊行為的可能性將增加，其結果將導致成員視此攻擊性行為為正面評價；當特定行動的獎勵達到、甚至超過個人的期望或者行動未按預期受到制裁時，此結果將產生重複該行為的可能性增加，成員的認同度將隨之增加。從上述相關人員的論述可知，組織成員面對組織變革所產生的效應是一種心理與社會行為的交感互動過程，其對組織變革所產生的迎向或抗拒將取決於組織成員對組織變革願景、對組織與個人的預期效應以及變革成功與否的認知，而這有賴於組織如何提出有效策略，透過組織溝通與成員達成共識，邁向變革的成功。

　　Broersma(1995)亦指出，組織在面臨轉化的過程中，必須面對許多新挑戰，包括組織架構重整、成員與團隊的授權增能(empowerment)、系統思考、生態管理系統、品質管理、顧客服務、彈性、酬賞、及組織學習等，而為未來組織的永續發展，組織應該精通三種相關的學習歷程：操作性學習(operational learning)、系統的學習(systemic learning)、以及轉化學習 (transformative learning)；而促成組織演化之要素則來自於開放性(openness)、非均衡的系統(non-equilibrium)及自動催化(autocatalysis)。PMI(Project Management Institute, 2014) 在其報告中提出，變革倡導耗時且成本高昂，顯著地影響了組織邁向成功之路，但過程中有近一半組織失敗。由於現實是變革是不可避免的，因此組織需要解決如何成功適應和維持變革的問題，而這需要一套完整的學習歷程。。

　　無論組織規模的大小，組織的變革與發展對許多組織而言是相當複雜而且無法規避的課題。組織要持續進行變革方能確保競爭優勢與永續發展的優勢。世界上唯一的不變就是「變」，唯有不斷變革、因應與創新，才能確保組

織在時代滾動的巨浪中不會被淹沒；在競逐的全球市場，不會中箭落馬。然而組織變革需要有堅強的管理、有效的策略、良好的態度以及遵守有效的變革模式，來因應組織變革的過渡期可能產生的阻礙與抗拒。沒有正向態度的管理將無法驅動組織成員進行變革；而在執行變革模式過程中，必須給予組織管理層級與成員充分的工具與實現變革的動機，方能完成變革的轉型過程。

　　本書鑒於上述組織變革的社會環境因素、理念論述、影響因素與變革策略，將陸續介紹組織變革的重要緣起、組織變革的意涵、組織變革與組織發展、組織變革的抗拒、組織變革與組織文化、組織變革與個人轉化學習、組織變革與組織學習、組織變革與組織溝通、組織變革模式等重要論點，最後統整上述內容做成結論，透過理論的分析與系統的陳述，呈現組織變革的整體風貌，引領讀者對組織變革有深入的理解與領悟，讓生存於不斷力求變革環境的組織，尋求一條適切、可行，能突破變革障礙的路徑，不斷開創組織新格局，奠基組織永續經營與發展的利基。以下陸續介紹本書之各章內容。

第二章　組織變革的意涵

　　長久以來我們沉迷於科技、專注於經驗，而忽略了個人與組織的智慧。我們也必須認知到越來越多的改變在我們的生活周遭發生，而在這改變的同時，如何盡可能確保個人與組織的生存，將是一重要課題。如果我們想擁有一個更美好的未來，我們必須做的第一件也是最重要的事情，就是理解當前環境的挑戰與機會，提升個人與組織學習的品質和效率。學習可以提升組織革新的動力，有更優質的表現，組織若能有效定義和規劃發展的實踐，便能催化組織和個人的學習，帶動組織的革新。

　　經濟實體的主要目標是長期發展，但最近組織發展在經濟、社會和政治環境的影響下，客戶對組織的影響變得越來越密集。這些組織及其營運模式的變革以及對利害關係者的管理，不斷適應客戶的需求和慾望而有所調整（Reim 等, 2015）。 為了能夠適應這些變化，組織的管理階層需要了解其優勢與劣勢，識別組織所面對的威脅以及快速尋找機會，以便規劃變更流程迎接組織的挑戰。

　　組織變革的概念來自於組織行為學，亦有人稱之為組織革新、組織興革或組織變遷（李義昭，2012）。儘管過去對組織變革的原因和方式進行了廣泛研究，但變革的形成往往被視為理所當然，跟其他學術用詞的定義一般，組織變革的定義亦無法避免。組織變革可以定義為以計畫或非計畫方式在組織結構、系統/子系統、員工以及它們之間進行變革，且這種變革過程可能對組織產生有利與不利的影響（Varoğlu & Basım, 2009）。

　　變革是基於個人理性的選擇與繼續適應改變及學習的意願，在變革目的的引導下採取有計畫的行動，組織變革隨著組織的型態不同而有不同的定義。

The On-line Encarta English Dictionary 認為，變革意味著製造或變得不同，變革過程的定義與現代主義認識論所謂處置(treatment）有相同的意思。根據相關研究(Laughlin, 1991; Briers & Chua, 2001)指出，組織變革是正向的社會建構，是知識、行動與理性之間的關係；Mourfield(2014)認為組織變革是企業或組織的轉型(transformation)。

　　組織變革隨著環境不斷的更迭，其演化模式有著不同的樣貌，以下就幾個組織變革過程中重要因素的關係進行敘述，俾利對組織變革有著完整的概念。

一、現代主義的結構 I：變革概念圖

　　Quattrone 和 Hopper 對於變革概念的論述主要以現代主義(Modernism)為理念提出以下觀點。首先是現代主義結構 I 的觀點，如圖 1 所示(Quattrone & Hopper, 2001)。

圖 1 現代主義的結構 I：變革概念圖

　　圖 1 顯示，一個特定實體如何從一個狀態傳遞到另一個狀態，從一個特定的時空領域到另一個。在本體論上，這種變革概念歸因於正在經歷變化的實體。因此，實體（無論是組織，個人還是心態）在「A」點具有明確定義的特徵，當實體在「B」點變為其他事物時，這些特徵會發生變化。當組織發生變革時，組織將改變其結構與作業模式；當一個新的資訊系統被實施時，管理控制系統會產生變革。當變革的對像從狀態「A」傳遞到狀態「B」時，組

織將獲得新的識別特徵，而失去舊有識別特徵。從方法論上述說，這種定義可以用實證主義來加以說明，它意味著研究人員或管理者可以識別這兩個獨立的狀態以及「變革」過程的開始與結束。此外它假設該過程的發生在由區間 s1-s2 和 t1-t2 所構成的分段和線性時空場域中。

　　個人主義和現實主義聲稱，當個人的行為經由核心標準來改變組織時，組織會產生變革。例如，組織在實施企業資源規劃系統（Enterprise Resource Planning, ERP）後可能會變的更有效率，從而改變可支付和可接受的方式。脈絡主義和社會建構主義的觀點改變了機構化的過程，改變了規則，規範和慣例。再以 ERP 而言，是一個同質化過程，導致組織因變革要求而採用此類技術。雖然這兩種觀點可能具有不同的認識論基礎，但它們共享現代主義的變革觀念和所涉及的實體。Quattrone 與 Hopper 接續談到此時空(spatio-temporal)框架用於描述現代控制實踐和後現代控制理論是相當脆弱的，因而陸續提出相關概念。

二、現代主義的結構 II：變革概念圖

　　Quattrone 和 Hopper 現代主義的觀點接續提出模式 2 的變革路徑，如圖 2。圖 2 模式是個人主義和脈絡主義中知識(knowledge)，行動(action)和理性(rationality)之間的關係。

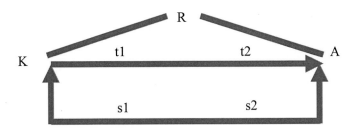

圖 2 現代主義的結構 II：變革概念圖

　　個人（或組織）獲得（或強加）獨特的實體知識「K」（無論是「真實的」世界還是「社會建構」的機構）；接下來是行動「A」（機構的導引或強制的規範）；行為是理性的「R」來遵守這些差異。如果沒有受到行為刺激，那麼就可以通過回饋來彌補差距。在現實主義中，回饋提供訊息來判斷行為是否合理，以及組織的真實性；在社會建構主義中，經由再製社會協商的組織實體，來成就組織實踐。依此兩者論述，行為是目的論（針對個人或機構目標），並且是從時間和空間狀態（t1 和 s1）到另一個狀態（t2 和 s2）的順序。這些理論應該是合適的（即由知識引導的）。個人主義賦予行為者根據經濟規則進行交易，以實現社會經濟均衡的能力；在脈絡主義中，改變行為（有意識或無意識地）改變了制度化的慣例、規則和規範。 這兩種方法都強調遵守客觀（或客觀化）規則和規範的行為，而不是逃避它們的可能性。發生的任何抗拒都被認為是對"制度"的回應，即對所感知的事物的反應(Scott, 1995)。

　　上述這兩種觀點都預先假定了一種基於組織意義的秩序、特定和獨特概念，透過使用理論對事件進行分類和建構。現實主義和社會建構主義都將外部現實置於其理論推測的中心（Quattrone, 2000a）。 因此，他們的貢獻在用於除解釋變革的框架外，又成為一個創造性的範圍。他們假定知識、行動、理性、變化以及最終組織的「中心」觀點（Quattrone & Tagoe, 1997）。 他們的理論基礎假定在一個獨特的組織世界中存在線性關係，而在將「A」變為「B」時，出現了缺口無法完整描述轉型過程，他們認為這種現代主義的排序具有誤導性。

　　與圖 1 和圖 2 所代表的對立理論，認知到缺口、不完整和「中心」的重要性。在將秩序置於事物中時，必須意識到其脆弱性。人們受世界觀和秩序的影響，但邊界(boundaries)需要創建以確定事物，以便人們可以理解組織並採取相應的行動。因此有必要以不同的方式談論知識、理性、行動、變革，組織和相互關係 -需要以中心為中心，如現代主義結構 III。

三、現代主義的結構 III：中心(centred)組織的觀點

重構知識，行動和理性之間的關係：從中心到「以中心為中心」的組織，任何改變都會引起對知識、行動和理性的特定概念，以及它們之間的互惠關係。Quattrone 與 Hopper(2001)重新構建知識，行動和理性及其關係，以對變革和組織加以定義。如圖 3。

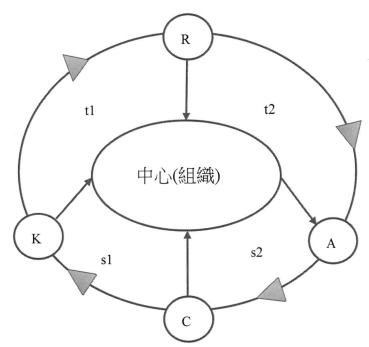

圖 3 現代主義的結構 III：中心組織、知識、行動、理性和變革之間的關係。

傳統（和理性）智慧假定每項行動的實施都遵循學習過程，以獲得執行此複雜行為所必需的知識。如果是這樣的話，那麼新的設計和實現將遵循圖 1 和圖 3 中描述的邏輯順序。更具有說服力的是，事情的實踐必須知道如何去做（知識和行動之間的關係），如圖 3 所示。根據理性的規範，即判斷實施是否「正確」或「錯誤」。（行動 A）遵循時間 t1 和空間 s1（知識 K）的指導方針，使系統工作，從而修改組織特徵（使其改變 C）並採用指南（K），如果這是無效的。理性"R"，輔助和控制系統，統治主權：它判斷實施（A）是否通過遵循這一系列事件在時間 t2 和空間 s2 再現新訊息系統。矛盾的是，作為建構和理性過程的變革描述模式，差異僅僅是 K，R 和 A 的社會建構性質。兩個過程都通過知識、行動、理性和變化的結構化和層次化描述中的中心驅動關係，來描述中心組織的排序概念或類別。一個組織作為空間的概念，其中行動遵循特定的時間序列，因為觀點（無論是來自理論還是對分工管理的解釋）使得一切都有序。

四、a 現代主義(a-modern)的結構 I：enaction 的概念

知識和行動是相互依存的，知識是一種與行為不可分割的活動方式，其關係如圖 4。

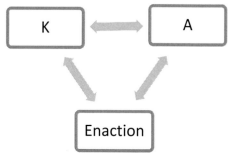

圖 4 現代主義的結構 I：知識與行動之間的關係：制度(enaction)的概念

14

個人理解抽象的知識形式，並運用於實務，例如從課程中學習的知識，通過實際活動最終變成管理實踐。類似地，行動是一種知識形式，因為行為需要學習實踐才能實現。制度(enaction)不會重新建立知識與行動之間的關係，它避免將理論作為卓越知識的特權。如果知識無法從實踐中區分出抽象策略，那麼實踐（管理職責和任務）必須具有與理論相同的地位（Quattrone, 2000a）。然而，實踐源於理論化和抽象化長期的過程，此過程 Latour（1999）稱為黑箱。此過程的重要挑戰在於重新構建知識與理性之間的關係，而不是在統一或二元化兩者的關係。

五、a 現代主義(a-modern)的結構 II：多元理性概念

以多元理性觀點出發來作為知識和理性的共同產物，如圖 5。

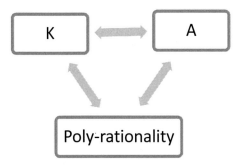

圖 5 a 現代主義的結構 II：知識與理性之間的關係－多元理性(Poly-rationality)的概念。

多元理性作為知識和理性的共同產物。何謂"最佳實踐"？一種獨特的形式和理性概念不會驅動人類和組織的行為，對於最佳實踐提出的質疑已老生常談。許多關於管理控制的研究（Bryman,1984; Dermer & Lucas,1986; Weick,1976）說明組織內的個人和群體有著不同的興趣和目標，並且不斷努力以實現這些目標。認同組織行為如何從這種奮鬥中產生結果即所謂的「多元

理性」。多元理性承認各種利益、知識的有效性和最佳組織實踐。正如 Jones
（1992)所指出的「個人或群體在社會結構中的不同地位存在著不同的利益」。
組織內部功能、層級和團體的忠誠有助於區分組織內部的合理性，因此，組
織行為和組織實踐的定義將由組織部門的劃分而產生。然而，將組織切割成
不同部門，如此二分法，例如將組織行為描述為個人、組內、組間和組織層
面，這可能創造了另一組重新定義，使得連續的變化過程被忽略。

六、a 現代主義(a-modern)的結構 III－實踐的概念

行動和理性相互依存的實踐觀，如圖 6。

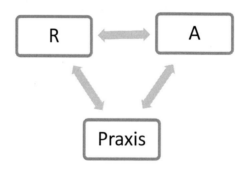

圖 6 a 現代主義(a-modern)的結構 III－實踐(Praxis)的概念

行動反映了在時間和空間的特定位置，是一種理性的論述，結合了最佳
實踐的概念，Quattrone 與 Hopper 將這種行動和理性的組合定義稱為實踐，
這種行為允許個人理解組織實踐並判斷其合理性。相反的，抽象的理性概念
和對正確性實踐的抽象判斷，只有在組織參與者具體實踐特定任務和操作時
才會產生實際價值和意義。

七、組織變革是以組織為中心的漂移(drift)

　　Quattrone 與 Hopper 接續論及知識、行動和理性之間的關係，介紹了制度(enaction)、多元理性(poly-rationality)和(praxi)的變革定義(如圖 7)。一個中心論點是知識、理性和行動的抽象形式，在組織行為的影響中有限。組織成員在多元理性的環境脈絡，經由制度和日常實踐來表達意義。行動提出有形的抽象主張、解決問題、調解和取代抽象目標和知識的日常活動，通過實踐來實現組織目標（QuattroneandHopper，2000b）。制定一個理想的操作方法並非翻轉組織管理的重要處方，轉換管理的實踐處方，要從創造性和藝術性行為來加以連結。鑑於這些關於 enaction，polyrationality 和 praxis 的說法，那麼改變了什麼呢？其組織變革的轉換是否與圖 1 中的現代結構定義相對應，即從定義的實體 A 到另一個 B 的有序路徑？Quattrone 與 Hopper 持否定的答案，他們認為必須重新考慮圖 1,2 和 3，以包含更多多樣性。Quattrone 與 Hopper 認為，從一個狀態到另一個狀態沒有任何變化，從單一角度來看，這種變革能夠被判斷為合理。相反的，在多元空間和時間中的多元世界，將產生多元理性、現代的變革定義，需要以現代的漂移(drift)定義取代，以作為變革的特徵，如圖 7。

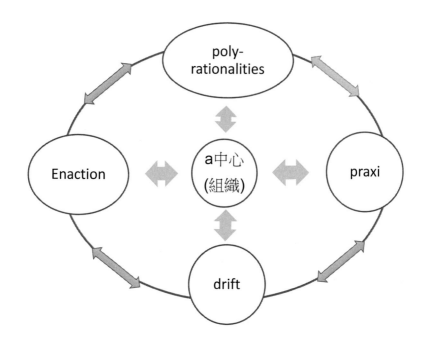

圖 7 a 現代主義(a-modern)的結構：制度、實踐、多元理性和漂移之間
的關係，以 a 中心組織

　　圖 7 說明了 enaction，praxis，poly-rationality 和 drift 之間的關係如何產
生以中心為中心的組織。圖 3 建立在知識、理性、行動和變革的定義視角上。
相對的，圖 7 包含多個世界、空間和時間，並認識到在複雜的組織中不可能
出現單一分類的空間和時間的視角。組織透過各部門開展業務的執行來定義
Praxis 為最佳實踐(best practice)。在圖 3 中，確定一個組織是否已經發生了變
化總是需要進行價值判斷，因為所謂的知識、理性和行動並非明顯可及，需
要觀察者進行選擇和分類，並轉換成判斷變革是否有效的標準。相對的，圖
7 在觀察和評估變化的空間或時間上沒有穩定的優勢。而漂移嘗試跨越多個
空間和時間進行組織變革，但這些不一定是線性排序的。從 s1 到 s2 並無明
顯的線性指令。因此，圖 7 中沒有預先排序的路徑（在空間和時間上）來定

義組織是如何進行變革的。相反，它描述了 enactions, poly-rationalities 與 praxis 同時存在並引導組織漂移(drift)。

　　從上述組織變革概念的論述可知，組織變革隨著時空移轉至今愈加的複雜，變革過程充滿不確定因素，組織不僅是從現在狀態到變革後新結構的誕生，變革期間實質摻雜了多項因素的組合，如結構、制度、理性、實踐等，這種組合為組織變革有了全新的定義，但也詮釋了為何組織進行變革的困難以及多數失敗的案例，值得組織進行變革深思與規劃實踐。

第三章　組織變革與發展

　　組織變革是組織的重要議題。自從 20 世紀 80 年代和 90 年代組織變革的實證研究開枝散葉後，組織變革的應對策略歷經長久的討論，充分顯示組織變革需更多知識來加以探究。變革是一個不變的趨勢，伴隨著個人生活和工作環境的結構中；變革也發生在我們所處的世界－國內和國際事件、物理環境、政治和社會經濟、組織結構與運作，以及社會規範和價值觀。隨著世界變得更加複雜和關聯性越加緊密，看似遙遠的變革亦會影響我們周邊的環境。

　　McLennan（1989）認為，變革將是未來組織的重要組成部分；變革是組織的重要特徵，也是組織管理的首要任務（Argyris & Schön, 1996）；Jones（2004）談到，從過去的觀點來看，組織變革是組織面對當前變革的環境或危機所採取的重要措施，一般由組織領導者所驅動；Dawson's（2003）提出，在多數看似成功的組織，花費大量資源進行變革，但仍然無法有效進行改革；這是過去幾十年實證研究中始終存在的一個問題（Bamford & Forrester,2003；Chen et al., 2011）；廖春文（2004）談到，根據組織發展理論，任何一個組織從創新、成長到衰微的演化過程中，有傾向病態發展的趨勢，此乃組織的自然演進。是故，如欲避免組織產生惰性、僵化、凋零之現象，必須配合內外在環境的發展，進行計畫性的變革，以維持組織的活力。由上可知，組織要永續生存，組織變革與組織發展是必須同時面對的兩項課題，缺一不可。

　　組織發展和變革努力齊頭並進，有效的組織發展可以因應組織變革，並減少對組織外部顧問的需求。組織的所有部門都應參與反思組織當前和未來可能遭遇的問題，並積極參與制定可能的解決方案。聰穎的組織應為員工的適切工作角色做出正確的調整，創造良好的社會心理環境並關注員工的誠信，

並鼓勵成員參與組織發展，推向組織邁入成功的路徑，正如 O'Brien(2002)在一項針對公部門的研究指出，參與是成功變革的關鍵因素。因為成員的直接參與有助於成員個人發展，確保成員接受組織所致力的變革，並讓成員成為組織進行變革的貢獻者。儘管員工參與和「由下而上」的變革流程存在關係，但仍然不應低估鼓勵參與的困難。處於快速變化的世界，組織需要更有彈性，更高的績效以及更低的成本，Cummings 與 Worley（2005）鼓勵組織應提高成員參與、投入、承諾和重視整體生產力。雖然參與被認為是現代組織的關鍵因素，但目前關於實踐管理的文獻探討中，往往低估了員工的重要性（Pfeffer,1998）。

　　社會組織在形成的過程中，如何逐漸地朝向「理性化」，朝向更權責分明、更專業化、更制度化的方向發展，一直是社會學研究領域中的一個重要核心課題（吳美瑤，2013），因此，組織權責、專業與制度的創新發展，是組織在變動環境中，永續發展的重要因素。組織發展（Organizational development, OD）是一個研究領域，它陳述變革以及變革如何影響組織與個人。有效的組織發展可以協助組織和個人應對變革，發展策略導入計劃性的變革，例如建構團隊、改善組織的運作。　雖然變革已是無法避免，但其應對策略卻非全然有效。組織發展經由導入有計畫的變革，有助於組織應對內部和外部動盪的環境。

　　相對於某些企業或專業領域，組織發展是較新的概念；若就個人專業發展的學術理論探討與實務運用而言，組織發展是一個可加以開發的場域。專業發展和組織發展的基本概念是相同的，但在探討的焦點上則有差異。專業發展試圖提高個人在實踐中的有效性，而組織發展則側重於提高組織的整體生產力、成員的滿意度以及對環境的回應能力（Cummings & Huse, 1988），這些目標是透過有目的的介入與持續運作的流程來加以實現。

　　綜上可知，組織變革是組織發展不可避免的重要措施，組織在變革過程中，如何提出有效策略提高組織效能與成員的滿意度，是組織透過變革力求發展的重要課題。以下就組織變革與發展的相關理念加以論述。

一、組織變革

　　組織發展無論是由外部專家或組織本身制度化推動，都會在組織和團隊內實現有計畫的變革。然而，它們只是組織中發生的一種變化，因為變革既可以是計畫內變更，也可以是計劃外變更，它可以在組織所處的任何時空中進行。有計畫的變革需要教育者或經理人的努力，Kanter（1983）談到變革需要一個擅長預測需求和領導生產變革藝術的人或組織。

　　Conner（1990）認為，除非變革的需要至關重要，否則不會發生變革。由於個人和組織通常會抗拒變革，因此除非必須，否則他們通常不會接受變革。當人們為處於危險境地或錯過關鍵機會而付出代價時，就會發生痛覺，因此，需要改變以減輕疼痛。根據這種觀點，變革不會僅僅因為「這是一個好理念」而發生，只有當個人或組織的痛處發展到非經由變革方能解除時，變革才會發生。因此，變革必須關注組織改變的絕對需要，而不是僅僅關注預期變化的效益。以下分別介紹組織變革的重要概念。

（一）計畫變革

　　在著手組織變革計劃之前，詳細規劃策略並預測潛在問題是必要的措施。Lewin（1947）所提出的力場分析的概念是可運用的策略之一，此概念有助於規劃和管理組織變更。Lewin 認為，組織內部的行為是兩種對立力量動態平衡的結果，只有當這些力量之間達到平衡變革才會發生。

　　驅動力有著正向影響和增強變革的力量，驅動力可以是人、趨勢、資源或訊息。抗拒是變革的障礙，與驅動力同時存在於組織內，並維持一定的平衡。換句話說，如果驅動力和約束力的權重相對均等，那麼組織將保持靜態。當變革發生並影響任何一種力量的權重時，就會出現新的平衡，組織將回歸到 Lewin 所謂的「準靜態均衡」。

　　力場分析有助於以兩種主要規劃方式進行：首先是作為個人審視其組織環境，腦力激盪和預測環境潛在變化的一種方式；第二，作為實施變革的工具。在前者中，力場分析成為一種環境審視的方法（在策略規劃中有其效用），組織隨時了解即將發生的潛在變化。可以預期的變化越多，有助於個人和組織變革產生影響的預備措施。第二次使用力場分析，提供有系統地對組織變革和可預期的阻礙力量所需的潛在資源進行評估與檢查，此種提前規劃和分析有助於擬定實施變革所需的戰略。

　　力場分析為組織提供必要的訊息，俾利最有效地規劃變革。如果能夠更了解計劃變更可能伴隨的一些潛在陷阱，便可提前採取措施來克服這些陷阱。成功實施變革的戰略就是在一開始就面對潛在的障礙，然而，為了使實踐者積極主動，必須列出積極的驅動力和消極的約束力，以便變革的策略可以強化積極力量，同時減少負面力量。在這個過程中，建構聯盟、網絡建設、解決衝突以及適當利用權力等技能是必要的。

（二）變革過程

　　力場（force-field）分析是計劃變更常用的開始步驟，Egan（1988）提出的一個簡單、直接的方法，包含以下三個步驟：首先是對當前方案的評估；第二是創建首選方案；第三是有計畫地將當前方案移至首選方案。Egan認為，規劃必須引導組織產生有價值的結果，因此，規劃和變革都必須針對特定目標。第一步，「評估當前方案」，可以通過力場分析等機制來完成。它提供促進變革所需的力量以及因變革產生抗拒和阻礙的必要訊息。第二步，「創建一個首選方案」，通常是通過團隊努力集思廣益和開發創造具未來性的首要替代方案。促成變革的需求顯而易見，在組織內可能同時存在幾種方案，因此完整評估各種替代方案更顯重要。該過程的第三步，「制定從當前到首選方案的計劃」，包括教育者和管理者必須擬定戰略與計劃，以克服組織中的限制。這是一個政治過程，涉及個人權力的運用，因為權力是產生變革的必要條件，權力無所謂好壞，旨在幫助個人實現目標。Benveniste（1989）指出，若沒有

考慮到政治因素，即使是經過深思熟慮的變革計劃也會脫軌。必須使用正式和非正式網絡，在整個組織內收集並提供變更所需的支持。

（三）變革過程的關鍵角色

在計劃階段，角色的區分與變更過程至關重要，這些角色必須保持獨立，以提升計劃變革的效益。但是，在不同的環境或系統中，成員可能扮演不只一個角色，正如 Conner（1990）所提及，個人可能扮演的各種角色如下：

1.變革贊助者：使變革合法化的個人或團體。

2.變革倡導者：想要實現變革但不具備合法化權力的個人或團體。

3.變革代理者：負責實施變革的個人或團體。

4.變革對象：必須實際進行變革的個人或團體。

實施變革的最關鍵任務之一是有效運用變革贊助者的支持，贊助商可以使變革合法化，與贊助者的關係對於實現理想的變革至關重要。刺激會直接或間接地促使贊助者進行變革計劃，Conner（1990）認為，無力的贊助者應該重新接受教育或被取代，否則失敗將是不可避免的。

教育工作者和管理者往往是變革的倡導者，他們認識到變革的需要，並積極倡導變革，但往往缺乏組織力量來實施變革；或者，這些人可以作為變革推動者，負責實施變革，但同樣缺乏權力。當然，教育工作者和管理者在組織中可能是受變革或變革目標影響的一部分，在規劃策略中充分思考運用這些角色的功能，不僅是為了執行，而且是為了匯集對組織變革工作的支持。

（四）執行變革的策略

為了將組織發展工作從理念創意階段轉移到實踐階段，教育工作者和管理者也必須蒐集資源並獲得組織的支持。Kanter（1983）認為組織成員應獲得以下三組「基本配備(basic commodities)」或「權力工具(power tools)」：

1.資訊（數據資料、科技知識、政治智能與專業知識）。

2.資源（資金、材料、人員與時間）。

3.支持（支持、後援、贊同與合法性）。

　　實施變革的首要策略是盡可能收集這些權力工具，當完成這些工作時，便已種下支持變革的種子，這對於幫助組織中其他成員了解計劃變更的迫切需求更為重要，可以在尋求變革贊助者支持之前播下這些種子，俾利贊助者感覺他們主動響應關鍵需求。

　　另一個策略是以一種不那麼具有威脅性的方式「包裹(package)」變革，使其更容易被接受、實現。例如，一種產品或方案，當其處於以下情境時更容易進行變革：1.處於試驗的基礎階段；2.如果不成功，可以逆轉；3.小步驟的執行；4.熟悉並符合過往經驗；5.符合組織目前的方向；6.建構在組織的先前承諾或計畫（Kanter, 1983）。Kanter 認為，在將組織發展工作提交給指定的變革贊助者之前，應該完成此包裝，儘管該人員需要參與進一步協助包裝和銷售計劃的變更。

　　建立聯盟是一種在實施變革的整個階段經常發生的戰略，必須從組織的不同層面收集受組織變更影響的所有領域的支持。儘管直接獲得主管的支持，並非總是可行，但如在整個組織內能獲得各領域的支持，便有可能影響主管重新考慮對變革工作的支持。

　　有效的變革需要能夠有智慧的使用非正式網絡，處理支持者的任何疑慮或問題，而不是透過正式會議。「會前會(Pre-meetings)」可以提供一個更安全的環境，讓他人表達對實施變革的擔憂。在這樣的情境中，個人可能有機會「交易(trade)」以獲得一些權力工具以贏得支持。此外一些人會因為他人支持計畫或變革，進而追隨計畫或變革，如果組織內部正朝這個方向發展，那亦是一種可行的策略。

（五）變革的抗拒

　　或大或小的組織變革，通常都會出現抗拒，諸如組織願景與發展的變革、特定議題或例行性的、行慣性的運作等，這種抗拒都是無法避免的。然而，

如何有效的預測和規劃以因應不可避免的抗拒，是組織變革面對抗拒時應有的認識。一般而言，組織變革產生的抗拒可區分以下類型：

1.個人的抗拒

出現變革的抗拒主要原因來自於組織成員擔心變革，他們通常不願放棄熟悉、安全、有規律的工作環境，轉而支持一個未知和可能不安全的新環境。人們傾向於喜歡例行事務與習慣，對變革會產生恐懼，影響其工作的規律性，因為變革代表未知的未來，它可能導致失敗，無論個人或組織的變革都可能引起懷疑並令人憂心，導致對變革的抗拒。

此外對於個人和組織來說，轉換當前狀態和改變狀態都是困難的。就個人層面而言，它提示成員每一次轉變或改變都以結束當前狀態作為開始，改變的第一步是經歷結束的過程，在個人完全接受變革之前，必須接受上述的歷程，即使變革是必須的，也會發生一種失落感。因為自我意識是由我們的角色，責任和環境脈絡所決定，所以變革迫使組織成員重新定義自己和所處的世界，這個過程並非容易。William Bridges（1980）在他的著作「Transitions」中討論了個人變革的過程，他提出了以下四個階段，並且認為個人必須通過這四個階段才能進入過渡狀態並有效地改變：(1)Disengagement：個人打破舊狀態，重新定義現在的自我；(2)Disidentification：在打破舊有狀態後，會失去自我感，認識到自己不再是以前的自己；(3)Disenchantment：個人進一步清除舊有的思維的挑戰，建立一個更深刻的現實感。他們體認到舊的方式或舊的狀態只是暫時的狀態，而不是生活中不可改變的事實；(4)Disorientation：在這最後的狀態中，個人感到迷茫和困惑，這不是一個舒適的狀態，但卻是必要的，因為他們可以邁入過渡狀態並進入一個新的開始。

在此過程中，知道如何啟動變革是相當重要的。雖然所有變革都可能導致個人的緊張，但如果變更是內部驅動的，而不是由外部資源發起，則更容易經歷結束和進入過渡的過程；在外部驅動的變革中，過渡的過程更加困難，並且可能由於個人拒絕開始，將產生更多抗拒。

27

2.組織的抗拒

　　無論組織規模大小，任何組織都由個人組成。因此，組織成員適應組織變革的能力，關係著組織變革能否成功，而這也顯示組織的變革能力的優劣。事實上，組織中確實存在著組織變革的一些障礙，一般而言，組織變革產生的障礙最常被提及的要素是慣性(Inertia)，每天的例行性工作需求，降低組織進行變革的急迫性；其次是組織缺乏明確的溝通(lack of clear communication)，這會產生組織成員對組織變革的觀點與期望不同；第三是組織處於低風險環境(Low-Risk Environment)，在一個不倡導變革並且傾向於對錯誤實施懲罰的組織中，組織成員容易產生對變革的抗拒，而寧願繼續保持安全與低風險的行為；最後是組織缺乏足夠的資源(lack of sufficient resources)，如果組織沒有足夠的時間、人員，資金或其他資源來全面實施變革，那麼變革的努力將受到阻礙。

　　上述因素與組織的其他因素相結合，可能會對變革產生抗拒，影響組織的變革。因此，變革推動者應充分運用時間來預測和規劃組織變革所可能產生的抗拒，諸如力場分析等技術是有助於制定策略以克服組織對變革的抗拒的有用工具。

二、組織發展

　　組織發展須尋求組織發展最有利的關鍵人物，使其感知組織變革與發展的必要性，藉此提高組織發展的共識。健全的組織願意投入時間和精力來改善個人和組織，透過專業發展與組織發展所產生的協同效應，提升組織變革與發展的能力。

　　然而，很多組織和團隊容易忽略了組織發展的需要，這通常是因為他們不熟悉這個概念或者強調專業發展的重要性。「專業」通常被認為是在既定的

組織環境中運作的獨立實踐者，但大多數專業人員雖然可以獨立運作，但仍然是組織系統的一部份，在運作過程中與組織環境有關，因此，系統本身必須創造個人專業發展的利基，重視組織或系統所扮演的重要角色。

過度專注於改善個體專業人員的實踐，教育工作者和管理人員可能會忽視組織任務與個人專業成長的重要性，組織成員只能在組織允許的情況下進行專業成長，並進行改革。然而，最有效的專業發展在本質上應是整體性的，不僅涉及實踐工作者，還涉及個人所服務的組織。因此，新的行為和學習必須統整融入到工作環境中。致力於終身學習和持續成長與發展的理念，有助於看到個人和組織以及學習過程本身的整體視角。學習不是一個只能通過個人努力才能發生的疏離過程，在實踐場域中，學習取決於工作環境的可接受性，以及有效的教學和在實際學習環境中的互動。

（一）何謂組織發展

Middlemist 與 Hitt（1988）認為，組織發展是涉及整個組織所進行有計劃變革的系統手段，其目的在提高組織效率。Cummings 與 Huse（1989）提出，組織發展是有系統地將行為科學知識應用於計劃性的發展和加強組織戰略、結構和流程，以提高組織的有效性。

組織發展涉及數種活動(Cummings & Huse, 1988)，首先，組織發展是一項系統性活動，是一個持續的過程，可以協助組織處理當前和可預期的問題，使領導者處於主動而非被動反應的立場，這種立場不同於仰賴外部組織扮演救火隊的角色；第二個值得注意的項目是組織發展涉及整個組織或工作團隊的計劃變更，這意味著，要使變革有效，必須採取積極主動的立場，否則，計劃的變更工作將遠遠落後於組織的需求。此步驟有助於團隊建設制度化的優勢，從而使員工能夠有能力應對工作團隊的變革；組織發展的第三部分是組織發展的基本原理－提高組織效率。組織和工作團隊必須具備高成效的動能，特別是在當前有限資源的環境中。在考慮有效性時，每個組織和團隊應關注於組織發展的品質，而持續的、制度化的組織發展策略有助於品質的改

進。品質概念提供工作團隊可以有效地確定品質標準，並作為一個團隊主動工作，以確保達到指標。品質的承諾亦是專業化的承諾，確保品質、加強組織的有效性，是一項持續的工作。

　　組織發展可以在團體、團隊和整個組織內發生。有效的組織發展是一種持續性和系統化的強化個人和團體。當前，許多組織通過方案管理方法完成其任務，該方法將團隊短時間匯集在一起，團隊成員可能來自各地組織，代表組織內不同的地區和級別。這些工作團隊對於要完成的任務並非有一致的看法，因此，由於觀點衝突，溝通困難或缺乏明確的目標，他們可能會因責任而動搖。在這種情況下，一個持續的組織發展戰略系統是必須的，在組織的整合和支持下，團隊建構尤其有效。

（二）組織發展模式

　　上述述及組織發展的相關論點，接續探討組織發展的相關模式。Middlemist 與 Hitt (1988)規納組織發展的重要因素包括：1.認同變革的必要性、2.診斷原因、3.開發變革替代品、4.實施變革、5.強化變革、6.評估變革、7.如果需要，進一步採取行動、8.回饋。

　　政治，科技或法律因素可能引領組織朝著需要發展的方向前進。體認變革需要是組織發展的重要關鍵，教育工作者和管理者以及具有決策權的他人必須認識到變革的必要性，並且讓組織贊助和成員相信變革的必要性；其次，持續的診斷和對環境的系統檢查可以為計劃性的組織發展工作提供理論依據；環境分析計劃、策略計劃、員工或「客戶」的回饋調查，或其他可以檢測對組織產生影響的內部或外部環境的變革方法。組織亦可檢查其產品和(或)流程的品質，以確定組織發展工作是否需要針對組織或工作團隊中的特定領域來實施。變革策略的選擇應與組織或團隊需求相關聯，組織發展可以使用兩種策略：1.流程策略：建構團隊，品質圈，敏感性培訓，調查回饋，職涯規劃。2.結構策略：工作再設計，工作豐富化，目標管理，組織重構，彈性工作時間選項。

（三）建構團隊

在組織發展過程中，建構團隊是許多成功組織經常運用的策略。團隊的建構有助於提升工作的凝聚力、承諾、滿意度和高效率，各種評估工具和練習可供團隊診斷團隊的能力並改善團隊的運作。有效能的團隊可作為組織或委員會評估組織內團隊運作的標竿。經由團隊工作的制度化，形塑了組織中的個人去思考本身與他人和組織的角色關係，可以理解的是，許多組織以及許多小型工作團隊或委員會都很難將自己定位於團隊而不是個人，傳統而言，在組織中因個人的努力而獲得讚賞，非來自於團隊的努力。組織可以透過策略來克服將這種個人努力傾向轉移到鼓勵團隊文化。Parker (1990)提出以下幾點看法：1.領導者對於團隊成員重要性的公開聲明、2.各級領導者，作為團隊成員的模範、3.提升團隊成員各項能力、4.積極的團隊成員提供重要的任務、5.將團隊成員行為納入績效考核體系、6.提供有效提升團隊成員技能的工作坊、7.給予積極的團隊成員較高的待遇、8.開發獎勵團隊的激勵機制、9.設計彈性薪資，鼓勵個人對團隊做出貢獻。

1.領導者是追隨者(Leaders as Followers）

良好的領導力是有效工作團隊的關鍵，領導者的能力影響整個團隊。但傳統既存的一些領導觀念可能隱藏了過時的行為模式或不切實際的期望，因此領導者思想的轉變更顯需要。領導者應透過激勵和統一組織的願景陳述來創造一個鼓舞人心的工作環境，使領導者更加接近他的夥伴。

如何將組織的願景與團隊的所有成員聯繫起來，以及如何培養具備這種能力的領導者，是重要的課題。讓組織中的每一位成員相信還有比「賺錢」更重要的事物，就是每一位成員在為他所屬的組織做出最大的貢獻，組織成員將他們所具備的知識與能力帶入工作環境，並連結組織願景，以便他們感受到是團隊不可分割的一部分。

組織如何在成員個人願景、團隊成員的願景以及更大的組織願景之間建立一致性？領導者首先必須鼓勵所有員工創建個人願景，並在工作環境中激勵他們；其次，領導者必須辨別這些個人願景，以及員工帶來的特殊禮物(particular gifts)。領導者可以幫助理解個人帶到組織的特殊禮物，領導者可以與團隊成員合作，幫助他們在個人願景、目標與組織願景之間建立聯繫。在某些情況下，組織可能會進行重組，可能會對工作與職務給予新定義以便賦予員工更多責任，並且授權員工權力去創造一種他們能夠感受到與組織更多聯繫和承諾的環境。如果團隊成員和組織之間缺乏一致性，組織必須進行變革，而這些變革最終將使個人和組織受益。在這種團隊概念中，領導者不會將自己與團隊中的其他成員區分開來，而是與他們密切聯繫，幫助他們將目標與組織保持一致，並通過授權提供動力。Lee (1991)認為，最好的領導者往往是最好的追隨者，Lee 認為，領導者可以創造一個讓追隨者可以發展自己目標（換句話說，一種賦權文化）的環境，並提供發展能力的培訓。領導者感知追隨者的意向，使他們的目標與組織的更大目標結合，並一起遵循。在這種團隊概念中，領導者不會將自己與團隊中的其他成員區分開來，而是與他們密切聯繫，幫助他們將個人目標與組織保持一致，並通過授權提供動力。

2.追隨者是領導者(Followers as Leaders）

既然領導者是追隨者，那麼追隨者在組織或工作團隊中又扮演甚麼角色？團隊成員不僅僅是等待領導者的靈感和指導；他們也是創建組織願景和方向的積極參與者，他們熟悉組織的工作環境，並且積極有效地參與，並努力於個人與組織願景的連結。在工作環境中他們真實、負責，兼顧個人誠信和組織忠誠，這些行為在傳統上已被認為是「領導者」的行為。

在支持性組織中，團隊成員努力實現這些特徵，並且在他們的工作環境中逐步增加個人滿意度。「自我導向的工作團隊(self-directed work team）」的概念普遍受到許多組織的採用，在組織中採取分布領導(Bennett, Harvey, Wise & Woods, 2003a, 2003b）的概念，逐步實現個人與組織的願景。然而，這個理

念的實現需要領導者或管理者重新思考他們在小組中的角色，須從「老闆(boss)」轉變為「促進者(enabler)」或「教練(coach)」。與此同時，團隊成員最初可能因為責任和問責制而感到不悅，因此新的想法和行為需要對每個人進行一些調整，但這樣的結果可能是值得的，將使團隊變得更加有效能，團隊成員對工作的滿意度更高，並且感覺與組織和其他團隊成員更加緊密。

3.團隊建構策略

　　有關發展更具凝聚力的團隊已有相當多的文獻，但是，除了鼓勵團隊文化的組織策略之外，團隊領導者還可以使用一些策略來幫助建立有效的團隊。具體的團隊建設工作取決於甚多變數，包括團隊的性質，持續時間，眼前的任務和組織文化。團隊建設的工作範圍從組織內到戶外探險、從自我評估到團隊評估、從短時間到多日的團隊研討會。

　　領導者如何去帶領團隊實現高水平的團隊效能？Parker（1990）認為，團隊領導者要成功的領導團隊，其策略如下：(1)了解團隊。(2)確定團隊的目的。(3)澄清角色。(4)制定規範。(5)制定遊戲計劃。(6)鼓勵提問。(7)分享榮耀。(8)參與。(9)慶祝成就。(10)評估團隊效率。

（四）建立工作的親環境行為

　　在組織變革過程中，建立組織工作的親環境行為(Work Pro-Environmental Behaviour, WPEB)，有助於解決組織因應變革的永續發展問題(Linnenluecke & Griffiths, 2010)。促進 WPEB 的實現被視為是組織變革過程的一部分，組織尋求實施新的工作方式以實現更佳的環境永續發展（Davis & Challenger, 2009; Dunphy,Benn & Griffiths, 2003; Post & Altman, 1994）。個人的角色對於成功的組織變革至關重要，無論是通過參與設計倡議、領導變革、接受工作實踐的變革還是培養共同的文化，雖然所有領域都影響著 WPEB，但它們對組織環境的永久性也提供相當的助力（Andersson & Bateman, 2000; Bansal, 2003; By, 2005; Kotter,1995; Weick & Quinn, 1999）。

　　組織不太可能僅通過技術創新來實現環境的永續性（DuBois, Astakhova，& DuBois, 2013），經由技術主導的業務變革計劃往往經歷失敗的經驗（Baxter & Sommerville, 2011; Clegg & Shepherd, 2007），因為技術創新在實踐中的效果往往遠低於它們的預期效果(Broadhurst et al., 2010; Eason, 2007)，這導源於人類行為是長期變革的關鍵（Steg & Vlek, 2009; Davis & Coan, 2015）。因此，超越技術、基礎設施或環境管理領導的變革計劃，轉向有益於組織平衡的變革舉措，WPEB 的實踐有其重要意義與價值（Bansal & Gao, 2006; Davis, Challenger, Jayewardene & Clegg, 2014）。

　　WPEB 的構建涉及變革管理的四個關鍵領域，即：組織文化、領導與變革推動者、員工敬業度以及可能需要改變的不同形式，這些因素的選擇乃基於其在組織變革模式中的相對一致性與包容性（Burnes,2004; By, 2005; Clegg & Walsh, 2004）以及推動 WPEB 的成功案例（Fernandez, Junquera & Ordiz, 2003; Harris & Crane, 2002; Robertson & Barling, 2013）。

1.永續工作環境

　　親環境行為是指有意識地尋求對個人行為影響最小的自然和建築，在組織環境中，Ones 與 Dilchert（2012）將員工綠色行為(green behaviors)定義為「可擴展的行動和行為」。員工參與與環境永續性發展，他們的行為將可歸類為永續性的工作（如，創造可持續的產品和流程）、影響他人（如，教育和培訓的可持續性）；避免傷害（如防止污染）；保存（如，重用人才）；並採取主動（如游說和行動主義)(Ones & Dilchert, 2010）。

　　組織內的環境永續性係指組織發展與為後代保留自然環境之間尋求平衡（Jennings & Zandbergen, 1995; Ramus, 2002）。然而，組織內環境永續性的概念常被定義為可持續永續發展，組織永續發展具廣泛框架，其重點都在整合環境、社會和財務因素（Vanclay, 2004），強調環境永續性，這些因素是相當重要的（Starik & Rands, 1995），當然亦有論述將環境視為社會因素的一部份（Sekerka & Stimel, 2011）。

2.組織文化

Weick 與 Quinn（1999）指出，任何組織變革都應考慮組織文化的影響。Russell 與 McIntosh(2011)認為(1)組織的文化影響環境的永續性、(2)組織必須有效推動環境文化的變革、(3)組織的次級文化亦會對環境的永續產生影響。有關組織文化的論述多元，Schein（2010）的三級文化模式，深獲他人採用，說明如下：(1)「表面層次(surface level)」，視覺可及的事物，包括已發表的報告和通訊；(2)「價值層次(value level)」，指組織成員的價值觀、規範和意識形態；(3)「基礎層次(underlying level)」係指組織的核心假設，決定思維過程和行為。Schein（2010）認為，基礎層次充分體現了文化的本質。因此，永續性的組織變革，其基本價值觀和假設必須符合可永續的議題。

在組織文化與環境永續方面，Russell 與 McIntosh（2011）根據 Carroll，1979 組織典範的觀點，提出文化在組織從「被動」到「主動」狀態的過程中所扮演角色的重要性，並在以前的分類基礎上，提出了組織的五種類型(Colby, 1991)：(1)「被動性(reactive)」，組織強調經濟議題而忽視永續性問題；(2)「防禦性(Defensive)」，組織只做符合法規的要求；(3)「適應性」，組織考量外部壓力，接受其社會和環境責任，並開始將環境問題納入組織戰略（Lee，2011）；(4)「積極主動(Proactive)」，在積極參與永續管理的同時，組織並非出於道德義務，而是渴望成為同業的領導者（Carroll, 1979）。最後，「永續性(sustainable)」，組織從長遠角度將可永續發展原則完全嵌入其價值觀中。

不同價值觀和假設的組織文化類型，可能經由不同的因素追求組織的永續發展；而組織可以在不改變其核心假設的情況下，成功實施永續價值（Fineman, 1997; Fineman & Clarke, 1996）。因此，組織是否需要對組織行為的永續性進行潛在的道德承諾，是頗受探討的議題（Russell & McIntosh, 2011; Stoughton & Ludema, 2012）。但儘管如此，越來越多的證據顯示，組織環境價值與工作場所的環境行為有直接的相關性（Andersson, Shivarajan, & Blau, 2005; Nilsson, von Borgstede, & Biel, 2004; Ramus & Steger, 2000; Sharma,

1999）。此外組織嵌入永續發展的理念，有助於員工認同並參與組織的變革措施（Lazlo & Zhexembayeva, 2011）。

面對環境永續發展的組織文化實踐，過去因未能提供實踐方式而受到批評（Harris & Crane, 2002; Newton & Harte, 1997），但相關文獻中將文化與人力資源管理（human resources management, HRM）加以連結，如選拔和招聘、培訓、績效評估和獎勵（Fernandez 等, 2003; Renwick, Redman & Maguire, 2013）、確保高層管理的領導支持（Andersson & Bateman, 2000; Linnenluecke & Griffiths, 2010; Ones & Dilchert, 2012）;制定明確並能有效傳達的環境政策、使命和策略（Post & Altman, 1994; Ramus & Steger, 2000）；任命組織的主要變革推動者（Andersson & Bateman, 2000; Heijden, Cramer & Driessen, 2012）；並培養學習文化、促進創新和創造性思維（Crews & Woman, 2010; Ramus, 2001）等，促使組織成功地邁向永續未來，都是可供參酌的案例。

在次級文化方面，雖然組織文化常被定義為組織的共同價值觀和規範（Schein, 2010），但最近一些研究指出，組織內存在更多次級文化，對組織的永續性產生影響（Harris & Crane, 2002; Howard-Grenville, 2006; Linnenluecke & Griffiths, 2010; Stoughton & Ludema, 2012）。這些次級文化透過跨部門（Sackman, 1992），官僚體系（Riley, 1983），個人網絡和(或)人口族群（Suls, Martin & Wheeler, 2002）而形成。鑑於存在這些組織內部差異，採取單一的由上而下的環境文化變革方法不太可能成功。相反，如果針對整個組織中的不同群體量身訂製，並且讓每個群體的員工參與任何變革，那麼倡議可能會更有效（Harris & Ogbonna, 1998; Linnenluecke 等, 2009）。

3.領導與變革推動者

領導者在組織變革措施(共同願景、強化組織價值和建立共識等)扮演了指導、支持和構建等關鍵角色（Ferdig, 2007; Schein, 2010; Schneider, Ehrhart & Macey, 2013; Weick & Quinn, 1999）。組織環境的永續性有依賴於良好的領導力（Millar 等, 2012; Stead & Stead, 1994）。Schein（2010）談到，雖然組織

中對於領導者角色的定義仍有困惑，但任何有助於推動組織變革，朝著某種理想邁進的人即是領導力的顯現。因此，無論其角色或職位，組織中的任何人都可以成為永續環境變革發展的領導者（Ferdig, 2007; Post & Altman, 1994）。

在領導者的角色方面，組織永續環境的推動主要源自於高層管理人員能有效結合組織策略、政策、計劃、預算和獎勵制度的能力（Branzei, Vertinsky & Zietsma, 2000），與非管理者相比，領導者的影響程度更高（Ones, Dilchert & Gibby, 2010）。Robertsonm 與 Barling（2013）針對特定環境的轉型領導 (environmentally-specific transformational leadership, ETFL)進行研究，提出 ETFL 包括與員工分享環境價值、讓員工相信他們能夠實現工作的親環境行為、幫助員工以新的和創新的方式考慮環境問題，並與員工建立關係，從而發揮影響力。他們不僅發現領導者「工作的親環境行為」直接影響了員工的環境熱情和「工作的親環境行為」，並且同時發現特定環境的轉型領導增加了員工的環境熱情，這對他們的「工作的親環境行為」產生了後續影響，反映傳統的組織變革成功（Weick & Quinn, 1999），因此，領導者有助於影響和支持員工的「工作的親環境行為」，並建立領導者的「工作的親環境行為」模式。

政府法規、消費者需求、外部壓力團體和市場競爭，都可能是領導者推動 WPEB 和相關的決策的原因，相關研究也顯示，最成功實施環境實踐和創新的組織，常源自於領導者個人生態中心認知(如親環境價值觀和態度)，並且表現永續承諾改善環境績效（Bansal & Roth, 2000; Branzei, Vertinsky & Zietsma, 2000; Burger, 1999；Walls & Hoffman, 2013）。

4.員工敬業度

組織變革是獲得新工作方式或組織實踐轉變的關鍵（Armenakis & Bedeian, 1999; Burnes,1996;Kanter,Stein & Jick,1992; Kotter,1995; Luecke,2003; Weick & Quinn,1999）。事實上，在變革過程組織成員若未能參與其中，組織變

革無法成功（Holman 等, 2000）。讓成員參與有助於組織成功的設計和實踐組織環境變革計劃的永續性和「工作的親環境行為」（Ramus, 2001）。

　　讓員工參與變革過程是推動變革與維持變革的一個關鍵面向（Kanter,1983; Pasmore,1994）。敬業的員工可以成為組織的資產，協助建立變革的內部改變，如做更多需要做的事情、改變需要以提高環境的永續發展（Macey & Schneider, 2008）。

　　鼓勵員工投入組織變革最常用的參與技術是通信和提供訊息（Osbaldiston & Schott,2012），這反映在尋求建立參與變革計劃的研究中（例如，Handgraaf,Van Lidth de Jeude, & Appelt, 2013; White, 2009）。Schweiger 與 Denisi（1991）認同上述技術在支持大規模組織變革方面的價值，使用溝通渠道（如電話熱線、新聞通訊、員工會議），旨在讓員工了解實施進度，能有效改善員工的負面影響（如壓力、離職意圖）。這些一般原則同樣獲得永續環境相關研究的支持，例如 McMakin、Malone 與 Lundgren（2002）使用焦點小組、訊息傳單、視頻、以及通過軍事指揮系統的正式回饋和溝通等各種溝通渠道，成功地使軍事人員和家庭參與減少能源的消耗。

　　在變革期間建立開放和持續的溝通，使組織能夠傳達願景並讓員工了解計劃的變革，其目的在減少員工的阻力和不確定性（Weick & Quinn, 1999），這種溝通機制還建立了一個支持員工的分享管道，能得知對於變革的想法和意見，是成功變革的關鍵要求（Morrison & Milliken, 2000）。除建立溝通機制與提供訊息外，組織還可以提供各種激勵措施，使員工參與環境變革，例如公共獎勵與私人獎勵來提高員工敬業度並激勵他們參與組織環境變革永續發展計劃（Lingard,Gilbert & Graham, 2001; Siero,Bakker,Dekker & Van Den Burg, 1996）。

5.組織學習

　　組織學習是組織不斷成長與提升競爭力的動力，組織成員的學習則是組織變革能否有效實現的關鍵因素，組織如何成為學習組織，有效帶動組織成

員、團體與組織整體的成長，統合個人知識、團隊知識與組織知識，是組織發展一直存在的課題。

　　學習型組織的觀念已受到公私部門的普遍接受與推崇，Garvin(1993)從組織變革的角度出發，認為學習型組織是一個精於創造、獲得及轉換知識的組織，並能修正其行為以回應新的知識與洞察。Wick 與 Leon(1995)指出，學習型組織是藉由快速創造、精煉組織未來成功所需的能量，以達成持續改善的目的。Goh(1998)認為，學習型組織是一個專精於知識的吸收、移轉和創造，並且能 針對新知識修正其行為和見解的組織。

　　Ellinger et al.（2002）研究指出，組織推行學習型 組織對於主觀及客觀的績效指標有正面的影響。學習型組織是一個精於學習與改變的組織，鼓勵員工 進行個人與團體的學習，並以創新、成長及知識的擴散來開發組織的潛能，以實現組織與組織成員的共同願景。

　　組織學習是組織成長與生存的動力，藉由組織學習組織方能產生源源不絕的動能，以因應不斷變遷的市場環境與發展趨勢，立於市場競爭優勢。有關組織學習與組織變革將於本書第七章加以論述。

第四章　組織變革的抗拒

　　變革的抗拒(resistance)經常出現在組織變革的研究和實務工作文獻中，一般旨在闡述當組織引入科技、生產方法、管理實踐或補償系統的大規模變革時，往往遭遇組織內部的壓力，而達不到預期的成效。儘管變革的抗拒常被提及，但仍有著不同的解說與看法，如 Dent 與 Goldberg(1999)、Merron(1993)認為變革抗拒容易錯誤地反映了變革動態中真正發生的事情；Dent 與 Goldberg（1999）亦提出，組織變革過程中組織成員產生抗拒的負面效果（例如，失去一個人的工作），而不願意改變自己；Nord 與 Jermier（1994）認為，習慣性探討變革抗拒，可能會掩蓋員工反對改變的正當理由，因此，人們抗拒變革的信念，阻礙了組織理解和處理真實組織問題的機會。然而，根據 Nord 與 Jermier 的說法，研究人員應該努力理解員工的主要經驗，讓員工更加有效地理解變革是甚麼？而不是想辦法「抵抗抗拒」(Oreg, 2006)。由此可知因變革所產生的抗拒可能無法避免，但重要的不是規避抗拒，而是如何有效去化解抗拒。

　　變革產生的抗拒，會對組織產生負面影響。許多研究發現組織變革產生的不確定性、感知壓力等，能有效預測組織結果（如工作滿意度、組織承諾和意圖、離開組織)（Rush 等, 1995; Schweiger & DeNisi, 1991）。組織變革會影響對變革的態度，進而影響員工對組織的態度，Wanberg 與 Banas（2000）的研究即發現，組織變革的條件與工作結果有相關存在。組織在進行變革或改造過程之中，由於內外部環境的影響因素，經常會遭致組織成員的排斥與抗拒，改革如欲順利成功，除應瞭解導致成員抗拒的理由，採取有效的策略、消除成員的疑慮和改變成員的態度外，更應掌握變革的時機，完成組織變革

與發展的任務（秦夢群，2003；謝文全，2003）。在組織變革推動過程中，或許可透過說服、溝通等運作方式，使組織變革有效推展，惟面對組織成員抗拒或反對變革的心態，則必須深入瞭解原因，應用消除抗拒變革的策略，使成員心服口服，願意支持配合組織變革的行動方案，否則，對組織未來的成長與發展將產生不利之影響。

對於組織變革抗拒現象的一致性看法，可能會失去對於抗拒的真正理解（George & Jones,2001; Piderit,2000）， George 與 Jones（2001）認為員工對變革的抗拒，包含認知與情感因素，此兩種因素在變革的不同階段中扮演了影響的角色；同樣的，Piderit（2000）認為，員工對於組織變革的感受、行為和想法，可能無法一致，甚至矛盾，因此，他提出將抵抗視為一種多方面的變革態度，包括情感、認知和行為。這種觀點可能使得抗拒現象更顯複雜性，但亦可能更容易理解抗拒的因素以及其因果之間的關係。雖然一些抵抗來源可能影響部分員工的情緒、部分員工的行為，不一而論，但根據 Nord 與 Jermier（1994）的觀點，變革可能最影響員工的理性思考。因此，無論員工抗拒組織變革因素為何，如何在組織變革過程中，讓員工保有理性的思考，成為重要的工作。

Lewin（1951）談到，就人類行為反應而言，組織變革的潛在的抗力來源存在於成員個體內與其所處的環境中。絕大多數關於抗拒的實證研究（Armenakis & Harris, 2002; Coch & French, 1948; Goltz & Hietapelto, 2002; Lines, 2004; Rosenblatt, Talmud & Ruvio, 1999; Trade-Leigh, 2002）與抗拒有關的背景變項大多採用參與或信任管理。較少有人採用個人角色脈絡的觀點（Cunningham 等, 2002; Judge, Thoresen, Pucik & Welbourne, 1999），幾乎沒有人考慮過背景和人格在預測員工對組織變革的反應中的綜合作用（Wanberg & Banas, 2000）。在實現變革的同時，創造可持續變革的條件至關重要。變革推動者採用計劃管理、文化和思維方式來解決組織中員工的「心靈和思想」，強調「重塑員工的態度和行為」對於轉型成功與流程變革的實施同樣重要。

組織變革所產生抗拒的探討，包含組織與組織成員多元變項因素的探討，以下分別就變革抗拒的相關理念闡述如後。

一、何謂抗拒

抗拒乃指員工反對組織變革所產生的的反應（Keen, 1981; Folger & Skarlicki, 1999），它是大多數組織變革未能成功或實踐的主要原因（Egan & Fjermestad, 2005）。員工對組織變革的抗拒對管理產生一定的影響，員工在組織變革的成功中發揮著重要作用，這也是組織進行變革必須考量的重要的因素。Tim Creasey 在對 288 家分享變革管理課程和最佳實踐組織的研究發現，組織變革的最大障礙來自於員工在組織所有層面的抗拒（Khan & Rehman, 2008）。Sandy Kristin（2000）認為，成員面對組織的變革所產生的態度和行為的抗拒，將成為組織變革無法成功的阻礙。員工抗拒的程度包括缺乏興趣、負面看法和態度、強烈的反對觀點、公然封鎖行為、暴力襲擊和抗拒（Coetsee, 1999）。

關於員工對組織變革產生抗拒的的概念源於 Lewin1940 年提出的觀點，他認為組織必須聚焦並解決個人行為方面的問題，才能實現有效的組織變革（Kurt, 1945）。Coach 與 French 於 1948 年在 Harwood Manufacturing Co. in Virginia 製造組織進行的有關員工參與決策的重要性的一項研究指出：「變革的抗拒是個人對挫折的反應與群體誘導力量的結合」，Coch 和 French 認為參與是克服變革抗拒的主要方法（Coch & French, 1948）。

由上可知，在組織變革過程來自組織成員的抗拒已成常態，組織如何將此抗拒的阻力化成助力，成就組織變革的成功，是組織領導者與變革管理者須深入省思、探究與有效因應的課題。

二、員工抗拒的原因

對員工抗拒組織變革的探討非常重要，因為唯有針對原因提出解決方案和實踐，方能克服組織變革產生的問題，充分發揮組織變革的功能，Mintzberg（1998） 提出，找出組織變革成員抗拒的原因，然後對症下藥才是最好的方法。為了使組織變革成功，組織領導者應充分檢視理論研究與實務場域的發現，找出員工抵抗的主要原因，並完美地處理抵抗的原因，找出變革抗拒的真正問題並有效解決。

員工抗拒是影響組織和變革計劃的抗拒，影響組織的發展甚鉅。員工抗拒變革的後果包括：減緩變革從而增加成本（Bryant, 2006）、減少生產力（結果）、員工腐敗、員工高流動率、變革計劃中的干擾和麻煩、變革計劃的失敗，以及在最差情況下導致破壞組織穩定和崩潰（Coetsee, 1999; Coch & French, 1948）。由於員工的抗拒，組織可能會面臨上述變革所產生的問題，因此面對員工因變革產生的抗拒，組織可以更具建設性地引導（Dent Eric & Goldberg Susan, 1999），來克服改進變革計劃（Waddell & Sohal Amrik 1998）。如上所述，員工的抵抗力會產生更大的破壞性，對組織發展產生深遠的影響，儼然是組織變革的重要課題。

探索員工抗拒變革的原因並有效提出因應策略是組織變革的重要方針。許多研究發現，員工對組織變革的開放程度可以藉由自尊（Wanberg & Banas,2000）、風險承受能力（Judge et al,1999）、成就需求（Miller,Johnson & Grau,1994）和控制點（Lau & Woodman,1995）來加以預測。雖然這些特徵與人們對變革的反應有關，但它們並未被概念化，是值得納入策略探究的一環，去評估抗拒變革的傾向。

承上所言，在組織變革過程中，有關員工背景或人格是否對組織變革產生影響之探究值得加以探討。Oreg（2003）認為，人們對於組織變革產生的

抗拒的內在反應彼此不同，這些差異可以預測人們對特定變革的態度－無論是自願的還是強加的。具穩定的人格特質的成員，不太可能自願地將變革納入他們的生活中，如對其施加變化時，便有可能經歷負面的情緒反應，例如焦慮、憤怒和恐懼。Oreg（2003）的研究已經建立了組織變革規模的收斂性、判別性、預測性和有效性，以及其內部一致性和重測試可靠性。此外，研究量表已經被證明可以預測與其他人格特徵相關變化的行為，例如對歧義的容忍度（Budner,1962），風險規避（Slovic,1972）或尋求感覺（Zuckerman & Link,1968）。在考慮情感、行為和認知時，人格與情感之間建立了一種特別強烈的聯繫（Larsen & Ketelaar,1991; McCrae & Costa,1991; Yik,Russell,Ahn,Dols & Suzuki,2002）。人格特質經常被認為是情感的要素（Lucas,Diener,Grob,Suh & Shao,2000;Tellegen,1985;Watson & Clark,1997）；對變革抗拒的人格特質定義中，情感是一個重要組成部分（Oreg,2003）涉及個人對變革的情感傾向。

　　Khan 與 Rehman(2008）在研究員工抗拒變革的不同原因之後，根據抗拒原因的性質分為以下四個不同的類別：

（一）心理因素

　　如員工負面看法、沮喪、焦慮、對現狀的偏好、認知安慰、恐懼、過去的失敗，對最高管理者/所有者的不信任（Kreitner, 1992; Dubrin & Ireland, 1993;Val & Fuentes, 2003）。

（二）唯物主義

　　如失去工資、舒適、地位和對工作保障的威脅（Dent & Goldberg, 1999）。

（三）員工的持續能力

　　如員工的技能（現有），知識和專業知識過時(即能力差距)（Lawrence, 1986; Val & Fuentes, 2003）。

（四）員工對組織的關注

變革計劃中的缺陷和弱點，即變革對組織或員工不利，管理層級對變革計劃及其影響存在差異或衝突（Dubrin & Ireland, 1993）。

Khan 與 Rehman(2008) 進一步提出，員工抗拒變革的另一個重要因素，即組織（所有者）與員工之間的衝突，它包含程序衝突和目標衝突兩種類型。首先是目標衝突，目標衝突是個人認為組織的目標與成員本身的目標和需求不相容和扞格的程度，並使其難以實現，組織的目標是物質的，員工目標是更關心員工本身最大化的功能的自我滿足感；其次，程序衝突是方法的衝突，即執行相同任務的工作程序。

在組織戰略和重大變革計劃中，組織進行目標的更新（例如成本最小化，創新產品等），組織轉向對新目標的關注。這些目標將成為組織要實現的新方向，實現這些目標的程序和方法稱為手段。目標可以分為主要目標和支持/次要目標，而其界定方式取決於組織的優先序位及對該目標的需求。組織越強化實現新目標的承諾，便容易導致組織目標和員工目標的差異而產生衝突。此外在一些變革計劃中，組織可能不會改變其目標，而是增加其活動並集中實現這些目標，組織越專注於組織目標會對員工的個人目標產生影響，員工便很難實現自己的目標並滿足自己的需求，導致組織（所有者）和個人（員工）之間造成目標衝突，進而衍生抗拒，而員工的抗拒可以抑制組織目標的實現。

沒有衝突就永遠不會有變革。變革亦是實現組織目標所進行的程序修改，例如活動、方法、風格和工作程序，以使其更有效益並兼顧組織需求。組織強加於員工的新工作程序可能不被員工所青睞，組織成員可能偏愛自己的工作方式，因而造成所謂程序性衝突。Boonstra（2004）提出變革和衝突可能同時存在，他認為「當組織需要進行某種變革時，衝突已伴隨而生」，組織因需求所做的變革與員工想要進行的變革其優先性不同。Kanter et al.（1992） 提出組織成員面對組織變革產生抗拒的關係，如下。

$$Y = X1 + X2 + e$$

Y 是員工對變革的抗拒，X1 是目標衝突，X2 是程序衝突，e 是上述抗拒原因的類別，如圖 8。

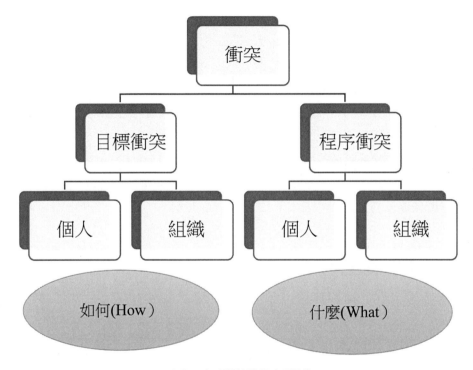

圖 8 組織變革抗拒關係

Korsgaard 等（1995）認為，程序衝突是因為員工和組織有相同的實現目標（或執行任務），但實現方式不同所產生的衝突，亦即組織希望員工實現目標的方式，與員工希望實現相同目標的方式不同。目標衝突源於個人認為組織目標的實現干擾了成員本身目標的實現；個人和組織目標的變革無法相容，而對彼此產生影響，從而形成目標衝突。就組織而言，組織目標的實現雖然對組織發展非常重要，但卻限制了個人（員工）實現個人目標和滿足他們的需求。

在變革管理和抗拒的文獻中，不同作者對於克服變革抗拒，有著不同的詮釋，如參與、溝通、工作安全、緊迫感、賦權、制定實施計劃和培訓（Kotter & Schlesinger, 1979; Mabin & Forgeson, 2001; Coch & French, 1948; Chawla & Kelloway, 2004; Kanter et al., 1992）。Lines（2004）、Mabin 與 Forgeson (2001) 一致認為，上述的解決方案(措施）有助於克服因組織變革所產生的目標與程序性衝突。但相對的，Khan 與 Rehman(2008）卻認為，上述所提出的這些解決方案無法解決或協調個人與組織之間的目標衝突。雖然變革實施過程影響變革計劃能否成功，其重要性不可言喻，但組織成員對組織擬議變革的反應，更多地取決於他們自己的個人目標與組織改變後的目標之間的關係，而不是用於制定和實施變革的過程（Guth & MacMillan, 1986; Gaertner, 1989），因此組織應提供解決方案，以協調變革計劃中的衝突目標，而不是糾正實施變革計劃所採用的方法。

三、目標衝突

組織與員工之間的目標衝突，是員工抗拒變革的主要潛在原因，因此目標衝突如何成為員工抗拒的重要原因，值得進一步探討。

(一)目標

Mohr（1973）、Grusky (1959）認為，目標是組織和個人試圖實現未來(期望）目標、任務或目的的核心要素，包含結構、意義、身份和目標感，而目標的進展會產生積極的情感狀態，如希望、熱情和自豪感（Segerstrom & Nes, 2006）。目標包括長期目標和短期目標，短期目標的特點和目的是實現長期目標，因此受到長期目標的影響很大（Grossman & Hart, 1983）。組織遵循最高管理階層制定目標和政策，以提供高質量產品和服務，在履行社會責任的同時獲得公平的利潤（Bolman & Deal, 1991）。

(二)目標變革

　　組織必須改變其目標和宗旨，以及適應新利益及避免某些利益遭剝離（James,1962），正如 Edward（1969 年）所說，組織的目標可能會隨著時間而變化。Goldstein（1986）將變革定義為組織內部針對目的、動機、價值、目標等進行修改的結果。組織的目標可以被視為主要目標和次要目標，其次要目標也是支持目標。目標變革有兩種基本形式：1.目標繼承，目標實現後，根據新目標進行演化；2.目標變化，其中既定目標未能實現而被新目標取代，這種類型的目標變革有兩種形式（1）目標轉移，其中原始目標被替代目標取代、（2）目標位移，忽略所聲稱的目標（Warner & Havens,1968），例如大學與一個研究機構的合併，這導致大學目標從「提供優質教育」轉向「研究」，亦即大學的重點從教育轉向研究，並影響（約束）學生和一些員工實現個人目標。

(三)組織目標變革的轉換

　　隨著組織發生變革而出現的動盪局面已經成為組織生存的首要目標，組織的主要目標是最大化其利潤，這對其生存至關重要，有時組織必須改變其支持目標，以更好地實現其主要目標，組織的新支持目標是成本最小化、品質控制、生產力提高以及創新和產品開發。因此為實現組織的主要目標，組織支持目標的轉換有其必要與實質效益。

(四)目標衝突

　　目標衝突可以定義為個人感受到組織目標與自己的目標和需求不相容，並使其難以實現。Edward（1969）將個人的目標與組織目標加以區分，將其稱為私人目標，亦即個人對自己的期望。組織目標的實現被視為干擾個人目標（他們的個人目標）的實現，因而產生衝突。當組織在不考慮員工的興趣和需求（即他們的個人目標）的情況下設定目標時，也可能會發生目標衝突。

因為，組織擁有更多的權威和權力，變革有利於組織目標，但可能危及員工個人目標加深目標衝突。

此外，個人和組織有不同的需求，組織的期望也與個人可能不同，因此設定組織目標和個人目標的基礎便有不同，也因為個人和組織需求的差異，使他們設定了不同且相互衝突的目標。大多數情況下，組織的變革計劃會對員工產生負面影響，這種情況也會增加員工與組織之間目標衝突的程度。不同群體有著不同功能，亦可能導致資源運用的直接衝突 (Charles & Thomas,1992)，不可否認的，在某種程度上，員工和組織的目標也會聚合 (converge)，例如：滿足員工對更高工資和更好工作條件的要求，可以提高員工的工作效率，從而為組織提供更多的資源和利潤。但是，在戰略和重大變革計劃中，組織改變他們的目標（如成本最小化、創新產品等），這導致組織轉向並增加對新目標的關注，組織不斷增加的承諾和以自我為中心的關注組織目標，將會對員工的個人目標產生影響，員工很難實現自己的目標並滿足他們的需求，因此，增加了成員與組織雙方目標衝突的程度和強度，並導致員工抗拒，更使得雙方很難接受彼此的目標。

四、變革的環境脈絡

在抗拒變革的相關理論和研究中，主要針對特定背景脈絡來提出員工抗拒變革相關的各種背景變項（Armenakis & Harris,2002; Kotter, 1995; Miller 等, 1994; Tichy, 1983; Wanberg & Banas, 2000; Watson, 1971 ）；Zaltman & Duncan,1977; Zander, 1950）。雖然各脈絡變項有其因果關係（例如，失去或獲得權力），但實施變革的方式亦受到相當的重視（例如，關於充分提供成員變革相關資訊）。Cropanzano 與 NetLibrary Inc （2001）、Greenberg 與 Cropanzano(2001）提出分配和程序正義的看法，雖然對分配正義的看法是關於組織結果的公平性，但程序正義涉及實現這些結果的程序公平性

50

（Greenberg, 1990），亦應受到相對的重視。關於變革抗拒的文獻尚未區分兩種類型的反應：變革結果的反應和變革過程的反應，但在面對組織變革抗拒時，對結果的抗拒和對過程的抗拒之間的區別可能會變得更加清晰(Oreg, 2006)。

在這方面，變革結果和變革過程之間的區別特別有意義。Crino（1994）、Skarlicki 與 Folger (1997）在對組織正義的研究發現，雖然結果和過程都會影響人們的反應，但程序方面最有可能影響員工的行為反應。換句話說，雖然結果和過程都會影響員工對組織行為的感受和思考，但過程(而非結果）最有可能影響員工的行為意圖（Robbins, Summers ＆Miller, 2000）。由上可知，由於預期變革結果導致的抗拒涉及情感和認知成分，而由變革過程引起的抗拒也將與行為成分相結合，因此組織成員對於組織變革所產生的情感、認知與行為顯得相對重要。

（一）組織變革的預期結果

員工是否會接受或抗拒變革的第一個決定因素便是變革對員工是有意或不利的，這些因素構成了抗拒的「理性」成分，Dent 與 Goldberg（1999）、Nord 與 Jermier（1994）認為，這可能是抗拒變革的最有效理由，這些結果因素將最強烈地影響員工對變革的認知評估。Tichy, (1983）、Zaltman 與 Duncan(1977）提出了可能影響員工評估的結果類型：

1. 權力和聲望(Power and prestige）

權力和聲望被認為是員工面對變革態度的潛在決定因素（Buhl, 1974; Tichy, 1983; Zaltman＆Duncan, 1977）。組織變革通常需要改變權力分配，有些人被賦予更多的潛在角色，而有些則失去了對人或資源的控制權；與權力概念相關的是地位與聲望是否能達到令人滿意的結果。根據 Tichy（1983）的觀點，組織變革的政治主張構成了組織成員對變革進行負面評價的主要原因之一；Similalry、Goltz 與 Hietapelto（2002）提出，成員面對權力的威脅是抗拒

變革的主要引信；Stewart 與 Manz（1997）也談到，不願放棄權力是組織成員對變革產生抗拒的核心因素。因此，雖然一個人對權力的負面預期會影響一個人的情感和行為，但認知評估會產生更顯著的影響。隨著對權力和聲望的威脅增加，員工對變革的認知評估也會變得更加負面。

2. 工作保障(就業保障)

如果員工因為組織變革而擔心失去工作，便有充分理由抗拒變革（McMurry, 1947）。根據 Baruch 與 Hind（1999）、Burke 與 Greenglass(2001)、Probst(2003)的研究發現，工作保障因素影響組織成員對於變革的行為反應，不同的員工對失去工作的可能性會有不同程度的關注；工作安全的威脅導致成員抗拒的情感因素（Burke & Greenglass, 2001; McMurry, 1947）， 因此，工作保障的感知與員工對變革的情感因素有著顯著的相關性。

3. 內部獎勵(Intrinsic rewards)

組織變革也可能威脅員工從工作中獲得的內在滿足感，他通常涉及地位的改變與工作任務的重新定義。對於組織成員而言，轉移到一個無趣、缺乏自主性以及不具備挑戰性的工作，將會對變革產生負面評價，因此期待變革不要發生（Hackman & Oldham, 1976; Tichy, 1983）。此外 Deci 與 Ryan（1985）認為，組織成員除了在認知上抗拒缺乏自主性和挑戰性因素之外，對這些因素的威脅也將產生強烈的情緒反應。根據 Ryan 與 Deci（2000）的觀點，個人的幸福在很大程度上取決於他們滿足內在需求的能力，例如自治和自決的需要。在組織環境脈絡中，滿足這些需求的能力，已經證明足以影響員工在工作場所的情感反應。

4. 變革過程(The change process)

除了變革的結果之外，變革實施的過程因素會影響員工對變革的態度：

（1）信任管理(Trust in management)。Kotter（1995）、Zander(1950)認為組織管理者如能對員工傳達一種信任的氛圍和感覺，即是組織主管為組織

及其成員做最好的事情。研究指出管理者和員工之間信任關係是組織變革措施的重要基礎（Gomez & Rosen, 2001; Simons, 1999）。Munduate 與 Dorado(1998) 在一項研究中指出，在組織變革背景脈絡下，不同權力基礎會對員工合作產生影響，權力的提供似乎產生了最多的合作，亦即，能夠激勵員工並獲得員工信任感的主管，能有效的推動組織變革。

（2）訊息(Information)。組織所提供變革訊息的質量也會影響組織成員對變革的反應。作為管理階層提高員工參與組織決策，向員工提供足夠的資訊會降低員工面對變革的抗拒（Coch & French, 1948; Kotter & Schlesinger, 1979）。Miller 等（1994）、Wanberg 與 Banas(2000) 也提出，有效提供變革的資訊與細節能減少員工對變革的抗拒。特別是能即時收到組織變革的相關訊息，並對訊息進行積極的評估，皆會增加員工與組織合作進行變革的意願（Wanberg & Banas, 2000）。

（3）社會影響(Social influence)。社會影響是變革過程中影響成員產生抗拒的另一因素。Erickson（1988）在社會網絡理論談到，個體被嵌入社會系統中，社會系統成為個人態度形成的參照點，換句話說，員工工作的社會系統在確定員工態度方面發揮著重要作用（Burkhardt, 1994; Gibbons, 2004）。在抗拒變革的背景脈絡下， Brown & Quarter（1994）在研究社會網絡對變革反應的影響發現，當員工所處的社會環境（即同事，主管和下屬）傾向於抗拒變革時，員工更有可能抗拒

上述過程因素影響員工行為與組織變革。此外，關於程序正義與員工行為之間關係的發現（Skarlicki & Folger, 1997）對組織實施變革過程中成員的行為反應亦存在著特別的意義。

五、組織變革的十大挑戰

Webber(1999)針對 Peter Seng 與其同僚的著作「The Dance of Change: The Challenges to Sustaining Momentum in Learning Organizations」一書中提到，組織變革的十項挑戰，是組織成長的環境條件，它包含啟動變革的挑戰、永續發展的挑戰以及系統重新設計和重新思考的挑戰。茲說明如下：

（一）啟動變革的挑戰

1.「我們沒時間做這些東西！」，啟動變革革新小組必須為變革計劃的工作時程進行足夠的安排與控制，以便為其工作提供所需的時間。

2.「我們沒有獲得協助！」，啟動變革革新小組的成員需要足夠的支持、指導和資源才能有效地學習和開展工作。

3.「變革與我們不相關。」，需要能為變革做出貢獻的人，去連結新技能與業務的的發展。

4.「沒有執行對話！」，任何變革努力的關鍵測試在於支持價值與實際行為之間的相關性。

（二）永續發展的挑戰

1.「對變革感到陌生。」，個人因變革感到恐懼和焦慮，對變革的議題的脆弱性和不適當的擔憂，因而質疑變革的努力。

2.「變革無法執行！」，變革工作會遇到評量問題，早期結果不符合預期，或傳統指標無法根據變革計劃進行校準。

3.「他們表現得像個異類(cult)！」，認為啟動變革小組成員傲慢，是一種異類。

（三）系統重新設計和重新思考的挑戰

1.「組織從來沒有讓我這樣做過。」，成員想要擁有自治權，不想失去控制權。

2.「我們必須持續不斷的創新滾動。」，每個小組都發現它必須從頭開始，而不是建立在以前的成功基礎之上。

3.「我們將往哪裡去？」，日常活動可能會掩蓋變革工作的更大策略和目的，其中更大的問題是：組織能否成功的實現變革？

六、變革抗拒的理論模式

綜合上述組織變革產生抗拒的各項論述，參考 Oreg（2006）以及 Khan 與 Rehman(2008)等論述，可歸納組織變革過程的理論模式如圖 9。

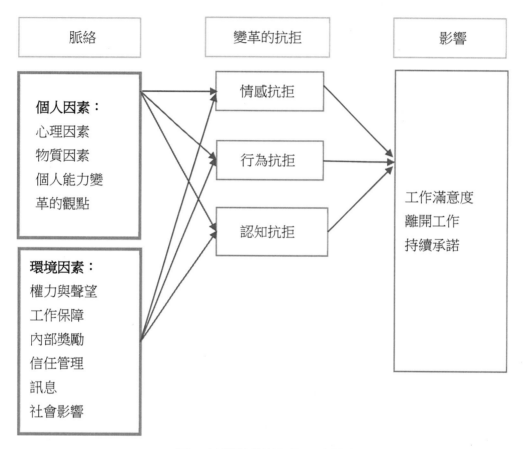

圖 9 組織變革過程的理論模式

　　圖 9 理論模式可初步歸結為在輸入層面上融合個人因素與環境因素形成組織變革的背景脈絡；其次在變革過程中，隨著組織變革的實施，將對組織成員產生衝擊，可能導致情感、行為與認知的抗拒；最後在輸出階段，若實施過程來自於成員的抗拒無法有效因應，將可能導致成員離開組織，相對的，若成員對於組織變革的成效感到滿意，工作滿意度將會提升，且持續支持組織變革。此模式在遵循輸入、過程與結果的運作，頗能完整陳述組織變革的系列流程。

第五章　組織變革與組織文化

　　Van、Ven 與 Poole（1995）指出，組織變革涉及對組織某一時期的狀態或形式所進行的實證觀察，例如整體組織戰略、工作團隊、個人的工作和與工作相關的任務，服務或產品。同樣的，Pooras 與 Silvers（1991）認為組織變革是由環境的轉變所驅動，經由組織的認同，觸發組織產生有意義的反應。組織變革是在組織環境中發生的過程，經由重塑、改變或轉型，將組織從一個狀態改變到另一個狀態，旨在改善組織績效、產能或與個人或外部環境的互動（Anand & Nicholson, 2004; Beer & Nohria, 2000; Dawson, 2003; Marcus, 2000）。

　　組織文化是組織行為文獻中最具影響力的概念之一。從過去到現在，組織文化的概念對於企業來說顯得相當重要，組織文化有助於企業在組織層面理解人類的現況，即種族、市場、階層，組織文化與組織結果有關，包括領導風格 (Asst & Aydin,2018)。吳佳輝（2003）亦談到，組織文化的建立與影響，對現代的領導者而言，是一個重要的課題，除了營造適應性的組織文化之外，新時代的管理者也必須有效的利用組織文化的內涵來影響組織的運作，藉以完成目標。秦琍琍、黃瓊儀、陳彥龍、張嘉予（2010）認為，組織文化除了是成員對其內部環境的一種認知或知覺，更傳遞了重要的信念、基本假設和意識型態，故其能實際的支配著企業經營與運作的價值觀、活動內容、與策略目標。

　　從人的因素來看，全球化帶來族群融合的觀念，不同種族文化的包容與尊重成為一種普世價值，多元文化的概念便隨之而起。多元文化即是文化的多元性，所指的是一個非單一面向的文化層面概念，是由不同信念、行為、

膚色、語言的文化組成，彼此關係是相互支持且均等存在。Banks 與 Banks（1993）談到，多元文化涵蓋了宗教界別、種族群體、語言能力、政治立場、社會階級、性別、民族主義及特殊性等文化層面，它使得社會面貌變得更多樣化，但文化的差異卻也常帶來衝突和矛盾，因此在多元文化的社會中常會因不同文化間的差異而產生衝突及誤解，成了重要社會議題的肇因。以當前社會環境發展趨勢可知，任何組織的形成普遍隱藏著多元文化的特性，而此特性無形中影響了組織文化的變革與發展。

近年來智慧文化的概念日益受到重視，如 Slaughter（2012）在他的著作《To See With Fresh Eyes：Integral Futures and Global Emergency》介紹了未來學者和商業教練應該努力於「智慧文化」概念。智慧文化充滿了靈性，暗示著它的承載者應該將世界看作一個整體的系統，單維的扁平思考已經被超越，智慧文化儼然成為新的產物。Slaughter 接續談到，靈性可能被視為一種架構，旨在促進與強化自願與共識，讓組織有如家庭的感覺一般。在此概念下組織與個人（包括領導者）將轉型為實踐靈性（practical spirituality），將大部分的時間運用在工作、企業和組織，超越過去著重於個人每天的工作與活動。因此，實踐靈性將置於企業組織的內部結構並採取適當行動，迎合未來世界的企業走向。

Haveman、Russo 與 Meyer（2001）認為，組織變革是由管理者所驅動的權力傳遞過程，是組織的重要事件。變革屬於複雜的過程，失敗可能發生在不同的層面，即如 Higgs 與 Rowland（2010）談到，大部分的組織變革是失敗的。變革推動者可能因缺乏溝通和員工信任而管理不善，或試圖立即執行太多變革而導致失敗（Ford,Ford & D'Amelio, 2008）。而失敗的起因可能是來自於組織內部的抗拒，組織成員可能會積極反對變革舉措，因為他們認為自己與變革過程沒有關係，不想承擔變革後增加的工作，擔心他們缺乏在組織變革所需的技能，甚至於擔心他們可能會失去工作（Kanter, 2012）。另一方面，組織變革意味著改變現狀，導致個人和群體在組織中失去權力，這些因素將促使成員反對變革，以確保他們保持權力。Bailey 與 Raelin（2010）提出大多

數變革會帶來不確定性，變革使組織成員對於當前生活模式的一致性感覺受到威脅，進而產生抗拒。

　　成功的變革不僅僅是選擇正確的改變方法，組織文化亦是組織變革重要概念（Burnes,1996）。Yang、Zhuo 與 Yu（2009)提到，眾所皆知，組織變革包括願景、策略、文化、結構、系統、產品科技以及領導風格；Schein (2004)認為組織管理和處理變革時，首先工作即在理解其文化。理解與維持組織文化的知識有助於規劃與執行組織變革，組織文化涉及獨特和共享的規範、信念、價值觀和行為方式，解釋組織及其成員的運作方式與適應性學習的過程；French 與 Bell (1999)也談到組織必須理解、診斷並改變其文化是現代組織存在的重要價值，因此不應低估現代組織的所有基本要素。Ahmed & Shafiq（2014）指出，創造和管理組織文化是領導者唯一真正重要的事情，如果領導者不執行組織文化管理，組織文化可能在無法預知的情形下影響個人與組織的運作。組織文化能提高工作滿意度，解決問題和組織績效的功能（Kotter,2012）。如果組織文化與內部和(或)外部利益關係人的期望不相容，那麼組織變革的成功機會將會隨著減少（Ernst,2001），組織績效和組織文化是同時存在的（Kopelman, Brief & Guzzo, 1990），因此，組織變革績效的提升當應考量與理解組織文化脈絡方能竟其功。

　　綜合上述論點可知，組織文化的建立除在傳統文化的基礎上，仍應兼顧當前多元族群與文化因素的存在以及個人與組織智慧文化創建的因素，如此，組織文化在組織變革中方能扮演積極與重要的角色，組織若能深入瞭解與有效運用組織文化的功能，將可為組織變革績效帶來加乘的效果。以下分別介紹影響組織變革的相關環境因素。

一、組織文化

　　文化被視為社會資產,是在社會相處過程中,成員彼此以及他們與環境之間的交互作用引起的問題,進而創發出有效的回應模式(Asst & Aydin, 2018)。如果這些反應被認為是感知、感受、思考和行動的正確方式,那麼將通過體驗和教學傳遞給新成員。文化決定了什麼是可接受的或不可接受的、重要的或不重要的、正確的或錯誤的、可行的或不可行的,它涉及所有學到的和共享的,例如假設、信仰、規範、價值觀和知識,以及態度、行為、衣著、符號、英雄、儀式和語言。其中符號、英雄和儀式等是文化實踐的有形或視覺表象,真正文化意義是無形的,只有透過成員的詮釋才能顯現(Hofstede,2011)。Deal 與 Kennedy (1982) 認為,文化是一種非正式規則體系,人們在大部分時間內會表現在其行為上。Furnham 與 Gunter (1993)主張,文化是組織中普遍存在的信念、態度和價值觀,簡單的說,文化是「我們在這裡做事的方式」。文化是當今許多領導文獻中常被提及的學術用語,當組織領導者談到發展「永續文化」或「道德文化」的必要性,這些常被提及建構的文化與組織文化的深層複雜概念有所不同,因為組織成員隱含他們自己的文化,但通常無法以口頭傳達他們的文化是什麼?以及它們所謂的文化的意義是什麼?他們只是了解事情是如何完成的。透過共同的價值觀、英雄和女英雄、典禮和儀式、以及文化網絡,組織文化為成員中創造了認同感、社群和歸屬感(Deal & Kennedy,1983;Jordan,2003)。

　　文化為組織的工作提供了意義,確保成員遵守組織規範,並構建外部世界,使其成員可以更容易地詮釋現實(Smircich,1983)。文化為組織提供可持續性,並保持組織內部的社會凝聚力和團結(Cartwright & Baron, 2002),組織的有效性直接或間接地受到其文化和普遍的心態以及它在組織員工中產生的整體幸福感的影響(Gregory 等人,2009)。文化是價值觀、群聚、信仰、溝

通和行為的集合體，引導個人與組織的方向，它的基本理念是經由資源的適當分配來分享學習過程(Ahmed & Shafiq, 2014)。

　　組織文化是組織中共同基本假設的模式，它透過團體在解決外部適應和內部整合問題時所習得，此種模式在組織運作中已發揮其效用，因此組織新成員被賦予與這些問題相關的正確感知、思考和感受的方式（Arditi et.al., 2016）。組織文化影響人們的行為方式，在組織發展和人力資源政策與實踐的計劃中，組織文化與變革的理解是不可或缺的要素。這就是為什麼人力資源專家必須理解組織文化的概念，它如何影響組織以及如何管理組織。

　　組織文化常被定義為共同規範、價值觀和信仰。價值觀是組織文化的基石，可能來自於組織的領導者或組織傳統，而後者的影響則更為強大與持久。文化是一種符號、傳說或儀式。經由文化的解說，人們可以了解組織的基本價值觀和假設，進而激勵和驅動組織的行為。組織不僅僅是進行使命宣示和提供服務，組織有其所信仰的社會價值觀，這些價值觀為成員提供了行為和規範的框架（Morgan, 1997）。換句話說，所有組織，無論其類型如何，都能發展和培養自己的文化，即組織文化。

　　組織文化通過符號、典禮、儀式以及故事(Sagas)來傳達。Jordan（2003）認為符號是任何組織文化中最重要的部分，因為所有文化都是由符號組成的，對成員具有深刻的意義，符號可以採用除物理之外的任何形式，包括標誌、標語和圖表。典禮或儀式在組織的正常運作中具有明顯的目的，透過組織成員的積極參與來強化組織的價值，從而發揮潛在或象徵性的作用。故事是組織歷史，融合事實和虛構來解釋當前的文化信仰和規範，經常在組織處於渾沌時，被用來激勵成員團結拯救和發展組織。故事對於理解組織文化至關重要，因為它們提供了對組織過去的發展遺跡。

　　Chen et al.（2011）認為，組織變革與其所處的環境脈絡是否相配適，扮演著組織能否變革成功的重要因素。組織文化來自組織的外部環境、歷史和日常運作。Eldridge 與 Crombie (1974)認為，組織的文化是指規範、價值觀、信仰和行為方式的特徵，團體和個人透過組織文化的連結完成組織的任務；

組織與其成員之間的互動塑造了組織文化，共享組織的存在、歷史的豐富性，組織向新成員傳遞組織既有的文化，以及其創始人的價值觀和信仰。經驗豐富的資深成員將組織文化傳達給新成員。組織文化的傳遞始於成員的招聘過程，其實施方式相當多元，諸如培訓工作坊、人力資源計劃、員工故事和儀式（Goffee, Jones,1998;Schein, 1990）。新成員學習文化的程度決定了文化未來的優勢，當文化被完全學習和接受時，文化就會變得更強大，而當新成員只是部分地吸收組織的文化時，文化就會逐漸消失。其次，一個組織沒有悠久歷史，強大的創始價值或堅定的人事組織，組織將呈現疲弱的文化特性（Schein,1990），而價值觀是組織文化的基礎，在組織歷史發展的過程中，價值觀擁有最強勢的地位。

二、情感文化

情感文化(Affective culture）是組織變革可能產生的另一種文化衝擊。文化變革會點燃情緒反應，組織成員如何去體驗，表達和調節情緒以因應組織情感文化的變革對組織跟成員而言是非常重要的（Alvesson, 2002）。組織文化的情感方面被稱為情感文化（Barsade & Gibson, 2007），情緒文化(emotional culture）（Zembylas, 2006）和情感氛圍(affective climate）（Tse, Dasborough & Ashkanasy, 2008）。Beyer 與 Nino（2001）認為，文化可以透過提供情緒的體驗、表達方式和管理焦慮的方法來塑造情緒。根據 Pizer 與 Härtel（2005）的觀點，健康的組織文化是鼓勵成員進行情緒的表達，並且將此價值放在工作的情感元素上。Ashkanasy 和 Daus（2002）為健康情緒的組織提供了一套指導方針，包括選擇員工的情緒敏感性，培養他們的情緒智商和健康的情緒表達，創造積極友好的情感氛圍，如果需要可以改變文化。相反，組織文化可以被視為操縱員工情緒的機制，透過組織的利益加以控制（Fineman, 2001; Zembylas, 2006）。

　　組織結構彼此的鏈結，凸顯了組織文化的潛在情感本質：情緒勞動，感知組織支持，組織情緒智商和系統正義。首先，情緒勞動在工作中的情感體驗，是由一系列社會、組織、專業和個人因素所決定的（Hochschild, 1983; Rafaeli & Sutton, 1990; Mann, 1999; Alvesson, 2002; Bolton, 2005; Turnbull, 1999）。組織為達成目的對於組織的情感文化的處理，通常需要付出代價（Kunda & van Maanen, 1999; Sturdy & Fineman, 2001; Fineman, 2000,2001,2003,2005,2008; Zembylas, 2006）。當一些人的情緒適時表達，而其他人情緒必須被隱藏時（Lewis, 2000），情緒變逐漸形成一種「文化特權」（Fineman, 2008）。Callahan（2002）在一項質性研究中發現，一種反應遲鈍的組織文化，會讓員工隱藏自己的情緒，並且阻礙新的和更健康的規範出現。對情緒表達和控制的期望成為文化規範，不僅受到管理者的強加和監督，而且受到同儕的監管與影響（Haman & Putnam, 2008; Zembylas, 2006）。或者，組織文化可以將情感體驗視為自然的，並將其表達視為可接受的（在某些範圍內）（van Maanen & Kunda, 1989），情感表達也被認為是合法的（Martin, Knopoff & Beckman,1998），Clarke（2006）更提出，組織文化和職業認同在組織中的影響，鼓勵對工作情感方面的反思、討論和支持。

　　實踐領導者和實施變革者，需要落實情緒勞動的觀念，注入適當的情緒來推銷變革（Fox & Amichai-Hamburger, 2001）。變革措施導致變革管理者（實施變革的人）和變革接受者的情緒勞動。Bryant 與 Wolfram Cox（2006）研究發現，組織成員認為有必要隱瞞他們對組織變革的看法，因為他們的表達被認為是一種不受歡迎的抵抗形式；Turnbull（2002）針對個人對組織的反應方式進行研究發現，組織試圖在充滿情感訴求的討論中故意將其文化轉變為信任、開放、創新和忠誠，他發現，管理者經歷了認知和情感反應，但往往是以無意識的方式，經常因尷尬的情況而產生不信任，憤怒和不適。研究亦發現，受試對象認為需要隱藏他們的感受，並且在許多情況下假裝遵守這些變化。

其次，感知組織支持的概念已經普遍應用於各種組織脈絡，包括變革（Naumann et al, 1998）。感知組織支持可以讓員工知覺管理人員對其工作的支持，特別是當他們遇到困難時（Masterson, Lewis, Goldman & Taylor, 2000）。成員有此知覺通常與更廣泛地組織系統和文化的知覺有關。支持包括情緒需要的概念、認同和感知所接受的待遇，具有工作實務的實用性。Eisenberger et al.（1986）認為，組織中的員工關注於組織重視他們的貢獻和關心他們的福祉已成全球信念，這強化了更大的組織承諾，而相關實證研究也證實了這些觀點（Currie & Dollery, 2007; Loi, Hang-yue & Foley, 2006）。支持性組織提供員工各種援助計劃（Alker & McHugh, 2000），例如心理和職涯諮詢（Rudisill & Edwards, 2002），協助建立簡歷，求職方法和面試技巧。

第三，組織情緒智商（EI）是個體情緒建構的發展，是人們理解自己和他人情緒的能力，並做出適當的反應（Mayer & Salovey, 1997）。Huy（1999）認為，組織應該培養應對情緒的能力，這有助於促進組織變革。Clarke（2006）的質性研究也確定組織情緒能力的重要。Menges 與 Bruch（2009）亦認為組織情緒能力有助於改革績效，包括創新能力。團體層級的情緒智商具有更強的概念和經驗基礎（Druskat & Pescolido, 2006; Jordan, Ashkanasy, Härtel & Hooper, 2002）。

第四，對組織系統知覺正義或不正義的看法，可以創造出對組織溫暖或有害情感的組織文化（Frost, 2004; Sheppard, Lewicki & Minton, 1992;Beugré & Baron,2001）。系統正義是其他類型的正義、分配、程序和訊息以及人際關係的混合體（Colquitt, 2001），所有這些都可以對組織事件產生強烈的情緒反應，包括變革（Barclay, Skarlicki & Pugh, 2005）。Harlos 與 Pinder（2000）研究發現，充斥著羞辱、侮辱和恐嚇的組織，將導致員工感到憤怒、悲傷、羞恥和仇恨。

Loi et al（2006）研究發現，我們經由對組織支持感知的看法，來強化對分配和程序公平的知覺，並促進情感承諾。然而，系統正義對組織變革的影響並未引起太多關注。將情緒勞動，感知組織支持，組織 EI 和系統正義的四

種結構結合在一起，表明組織的情感文化影響員工對日常事件的反應以及變革的體驗。

三、組織變革與文化的情感反應

在組織現有文化的要素中，情緒反應會影響個人如何應對變革的策略、文化與運作。如果組織成員不喜歡競爭型的組織文化，可能會對組織因應變革所建立的各項誘因感到消極；相對的，如果員工對現有的參與文化感到滿意，便有助於其參與組織變更的可能性，但此仍無法保證對於組織的變更會產生積極的情緒反應。對「人與組織」契合度的研究發現，當個人價值觀與組織價值觀一致時，他們就會產生責任感與組織公民行為（Goodman & Svyantek, 1999），更少的員工流動率和更高的工作滿意度和組織承諾（Amos & Weathington, 2008）。可以擴展到對變革的積極態度，當員工想留下來時，會發生變革的情感承諾，成員會續留在組織中並支持其革新工作（Herscovitch & Meyer, 2002），但似乎很少研究文化的情感承諾與變革的情感承諾之間的關係，這在組織變革與文化的關係脈絡中，實為不可忽略的變革策略。

四、影響與形塑組織文化的策略

了解文化對於塑造組織實踐和績效是不可忽略的管理要務。如前述所言，組織文化的管理必須同時兼顧符號和儀式的有形特徵以及價值觀和信仰等深層次的特徵，甚至更深層次的文化，即使組織對更深層次文化的影響實在有限，因此，組織變革過程中，組織文化的管理策略更顯重要。

　　O'Donnell 與 Boyle(2008) 確定了管理者需要解決的六個關鍵問題，以便為其組織中創建更具發展性和績效的文化做出貢獻，茲說明如下：

（一）在創造變革的環境中營造變革的氛圍

　　文化只適用於變革需要的相關領域或與某些組織議題時才有效。例如，建立社會夥伴關係與建立協定，作為促進變革的框架；將組織發展政策作為推動組織文化發展的驅動力等。

（二）卓越領導

　　卓越領導者對於文化變革有效性的決定顯然非常重要。組織的領導者是理解和管理組織文化的「支持者」，並根據他們是否與領導者所支持的組織文化保持一致，來獎勵或懲罰次級文化。領導者對於獎勵支持組織的主要信念、價值觀和基本假設的次級文化群體的影響不容小覷。

（三）員工參與與授權

　　員工參與和授權對於確保組織文化的有效管理並與組織文化的連結至關重要。員工參與變革過程，這是文化變革的一個重要因素，讓每位成員深刻體認組織要取得成功，需要全員的努力。

（四）團隊導向

　　與團隊工作是跨越現有障礙、促進和傳播新文化特徵的有效策略。大多數有關組織的研究指出，在個人和組織發展方面，團隊被視為投資人才發展的一種方式。例如，強調以促進組織所需核心價值為基礎的團隊項目、強調團隊導向並能與組織外的個人和組織合作開發聯合團隊，有助於將重點轉移到促進發展文化、強調跨機構和跨職能合作的文化等。

（五）追蹤文化變革

評估文化是否在次級組織文化的實踐上不相容？是否存在可能破壞組織的文化精神和基本假設的問題或挑戰？顯得非常重要。例如，使用組織文化評估工具、組織文化測繪工作、建構文化意識計劃等。

（六）培訓、獎勵和表彰

在各種組織中，對文化意識的培訓有不同的看法。文化是組織管理培訓的一部份，在組織中，向領導者和管理者學習現行的文化規範和假設是有需要的。例如，物質獎勵、榮譽和表彰計劃，經由認同和獎勵，有效強化組織變革的文化管理。

有效文化管理的關鍵在於領導力。領導者必須致力於發展和維持組織績效的文化管理，管理者應對整個組織的有效發展負責。解決文化問題的影響，不同管理人員所採用的方法有明顯差距，如何有效地管理組織文化使其成為組織變革的成功策略，是組織變革與發展的重要課題。

五、組織文化的類型

諸如上述對文化理念的相關論述可知，不同的組織具有獨特的文化，組織內可能存在多種文化。Bradley 與 Parker（2006）提出競爭價值框架（Competing Values Framework,CVF），闡述文化類型。在此框架中，將文化類型分為四種模式：人力資源模式、開放系統模式、內部流程模式與理性目標模式，不同的模式隱含了不同的特質，可作為組織變革領導與實踐者作為文化管理之參考（如圖 10）。

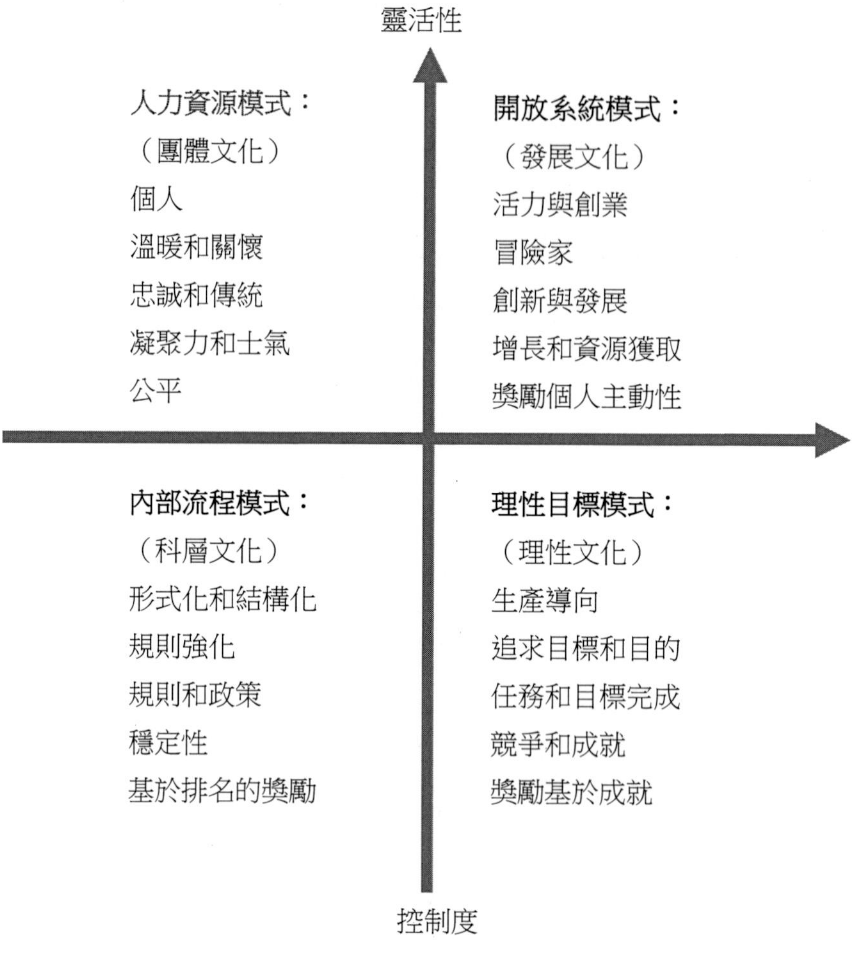

靈活性

人力資源模式：

（團體文化）

個人

溫暖和關懷

忠誠和傳統

凝聚力和士氣

公平

開放系統模式：

（發展文化）

活力與創業

冒險家

創新與發展

增長和資源獲取

獎勵個人主動性

內部流程模式：

（科層文化）

形式化和結構化

規則強化

規則和政策

穩定性

基於排名的獎勵

理性目標模式：

（理性文化）

生產導向

追求目標和目的

任務和目標完成

競爭和成就

獎勵基於成就

控制度

圖 10 文化的競爭價值框架

　　CVF 已被用於許多研究以調查組織文化（Harris & Mossholder,1996）。
CVF 一方面檢查組織內部和外部環境之間的競爭需求，另一方面檢查控制度
和靈活性之間的競爭需求（Bradley & Parker,2001）。這些相互衝突的需求構
成了競爭價值模的四個象限。內部關注的組織強調整合，訊息管理和溝通，

而外部關注的組織則強調成長，資源獲取和與外部環境的互動。在衝突需求的第二個維度上，側重於控制的組織強調穩定性和凝聚力，而側重於靈活性的組織則強調適應性和自發性。綜合起來，競爭價值的這兩個維度勾勒出組織理論分析中揭示的組織文化的四種主要類型（Zammuto,Gifford & Goodman,1999）。

內部流程模式涉及控制(內部關注)，其中利用訊息管理和溝通來實現穩定性和控制，這種模式被稱為「科層文化」，因為它涉及規則的執行，整合和對技術問題的關注（Denison & Spreitzer,1991）。內部過程模式清楚地反映了依賴正式規則和程序，作為控制機制的官僚體制和公共行政的傳統理論模式（Weber, 1948; Zammuto,Gifford & Goodman, 1999;Bradley & Parker, 2001, 2006）。

開放系統模式涉及靈活性(外部關注)，其中利用準備和適應性以實現成長、資源獲取和外部支持。這種模式也被稱為「發展文化」，因為它與具有遠見的創新領導者有關，同時也關注外部環境（Denison & Spreitzer,1991）。這些組織充滿活力和企業家精神，他們的領導者是冒險者、組織獎勵與具有個人主動性（Bradley & Parker, 2001, 2006）。

人際關係模式涉及靈活性(內部關注)，其中利用培訓和人力資源的更廣泛發展來實現凝聚力和員工士氣。這種組織文化模式也被稱為「團體文化」，因為它通過團隊合作與信任和參與相關聯。此類組織的管理者尋求鼓勵和指導員工（Bradley& Parker,2001,2006）。

理性目標模式涉及控制(外部關注)，其中利用計劃和目標設定來實現生產力和效率。這種組織文化模式被稱為「理性文化」，因為它強調結果和目標實現（Denison & Spreitzer,1991）。 這類組織以生產為導向，管理者鼓勵組織員工追求指定的目標和目的，組織的獎勵與成果有關（Bradley & Parker, 2001, 2006）。

　　組織可以顯示多種文化類型。文化類型的重要性不在於組織中任何形式的類型，相反的，正是這種類型有助於我們理解主流文化，並思考如果要將文化轉移到支持新的實踐和價值觀，需要重新平衡。

六、組織變革與組織文化

　　組織文化是影響組織變革的重要因素。組織文化既可以幫助也可以阻礙組織變革的進程；在組織進行變革時，它既是一種祝福又是一種詛咒。組織文化包括其成員的價值觀、規範和信仰，提供組織成員認同感和歸屬感、確定性和一致性。任何組織內部的變革都可能被視為對文化和員工認同的威脅以及對組織文化的挑戰而產生抗拒。因此，要變革成功，使組織越來越強大，變革推動者需要利用組織文化來發揮自己的優勢，組織變革應該與組織價值觀結合，通過強化價值觀，使得文化更加健全，此外由於價值觀是組織文化的基礎，因此成員亦能保持其價值觀，變革與價值觀的連結，成員更有可能接受變革。組織變革亦應前瞻組織的未來，組織成員對組織文化的承諾也將對組織產生承諾，經由強化組織的成長與永續，亦同時強化了成員的規範。

　　在組織變革過程中，文化有其特別價值。大多數文化的降臨都是從組織處於混沌開始，敘說著組織如何克服障礙和擊敗競爭對手。過去的組織英雄可用以闡明組織未來的道路，強調組織過去如何克服更大的困難，為目前情況下的人們提供了解決方案。那些在組織中幫助克服過去巨大困難的人，現在能為組織提供支持、安慰和諮詢的角色。

　　典禮和儀式在組織變革中也起著至關重要的作用。儀式執行兩項關鍵任務：提供穩定性與祝賀。正如前面所討論的，對變革的抗拒在很大程度上是因為成員感到不確定性造成的，在組織動盪期間，儀式結合組織成員，給成員一種安全感，無論周遭發生了多大的變化和混亂，儀式能令人寬心與獲得慰藉。在整個變革過程中，組織應該慶祝成就並講述成功故事（Kanter, 2010），

這有助於組織成員感受到他們的努力正在發揮作用與受到關注，並鼓勵他們繼續前進，儀式是慶祝這些成功的好時機。

　　文化變革涉及將組織從一種文化形式轉移到另一種文化形式，通常是通過文化變革計劃，其中涉及一些因素， Pettigrew 等人（2000, 2003）提出了許多關鍵因素：(一)為變革創造一種容易接受的氣氛；(二)高層領導的驅動，連貫性和一致性；(三)領導者清晰明確的視野；(四)採取差異行動以增加張力；(五)使用差異性；(六)闡明問題的新途徑；(七)加強結構變革和獎勵；(八)使用角色楷模；(九)深度社會化、培訓和發展；(十)新的傳播機制，傳遞新的價值觀和信仰；(十一)統整選擇標準和消除偏差；(十二)運氣、堅持和耐心。

　　Hatch（1997）認為，管理文化意識而不是直接管理文化是很重要的概念。Legge（1995）使用了「衝浪」的比喻來解釋管理文化，衝浪手能做的最好的事情就是了解形成和引導波浪的潮流和風的模式，然後，維持漂浮並沿著所需的路徑轉向，這與試圖改變海洋的基本節奏並不相同。因此，自上而下的組織變革不太可能成功，管理文化要在理解現實的複雜性，並且以協商一致和長期的方式進行變革時才有可能。

　　組織變革能否成功涉及的因素眾多，組織文化的變革是必須克服的首要課題。領導者在規劃、執行組織變革的當下，如果能充分理解組織文化與組織內部次級文化將有助於組織變革的成功。

第六章　組織變革與個人轉化學習

　　過去數十年來，學習和學習型組織是個人、組織與國家發展的重要概念，有效學習儼然成為組織永續發展的重要優勢。Broersma(1995)研究指出，面對複雜而快速變遷的全球經濟和社會文化，企業與組織的生存空間已經面臨威脅，組織和成員的學習方式和學習歷程必然產生前所未有的衝擊與變革，組織和成員必須源源不斷的產生動機與創造力，以面對和突破未來持續改變下的混亂局面（引自林曉君，2014）。組織變革產生組織成員可能面臨工作適應與困境的壓力，造成組織成員重大的心理障礙及抗拒。若組織成員能充分體會工作困境是危機也可能是轉機，將有助於組織變革的成功。因此組織成員若能有效進行轉化學習，妥適因應組織變革所產生的困境，將有助於組織發展與個人職涯的延續。

　　Brooks(2004)指出，1970 年代以來不同領域的理論家發展出新型的學習理論與變革理論，而不再是從既有的系統中去適應改變和變革。因此組織成員需要有更多的自主能力與創造力，知識才能源源不絕的透過團隊成員互動之中建構出來，因此這一段「寧靜革命」的產生是一種管理的新典範(paradigm)。自從 Peter Senge 於 1990 年提出學習型組織的五項修練(The Fifth Discipline)之後，五項修練之一的改變心智模式，即指對於世界如何運作所持有的深度內在印象，但心智模式也會限制我們以原本熟悉的方式思考和行動，在此之後「認知基模」(schema)的概念受到關注，轉化學習理論(transformative learning theory)逐漸發展，並且受到重視（引自林曉君，2014）。

　　近年來，「智慧」一詞普遍被應用於個人生活與工作環境中，盼望藉由個人與組織智慧的成長，確保個人生存與組織的發展。在人類的生活情境中，

經常運用智慧的理念來辯證一些存在的事實，例如好與壞、正向與負面、依賴與獨立、確定與懷疑、控制與非控制、優勢與劣勢、自我中心與利他主義等，而辯證並非意味著要做出選擇決定，而是呈現人類生存的兩種狀態。智慧迎向生活中的各種現象，從生活現象中加以洞察體驗，Staudinger 與 Kessler（2009）認為，在心理學領域，智慧有三個面向須加以統整，亦即認知、情緒與動機。組織變革涉及個人與組織的因素，除了組織本身應有系統化、專業化與制度化的考量外，組織中成員的認知、行為與動機等都必須有相對的轉化與提升，方能促成組織變革的成功。

　　個人轉化學習除了上述智慧與心智的因素外，組織成員的態度與行為亦是影響組織變革能否成功的因素。Codreanu(2010)指出，行為與態度的關係如下：一、目的與其情緒評估之間的心理聯繫越頻繁，它們之間的相互關係就越複雜，連結越自動化，潛意識層面對個體行為的態度就越強烈，也越有影響力。二、人們可能更加關注與態度適合的對象，換句話說，對某些物體的感覺越強烈，這些物體就越有可能引起我們的注意。三、態度是處理訊息的過濾器。處理訊息的方式受到態度的影響很大，強烈的情感（無論是消極的還是積極的）聯繫得越多，就越有可能成為態度的誘因。

　　轉化學習牽涉到心智的轉換，經由轉化學習，個體從心理的覺知發展到對社會環境的省思與觀察，接續根據觀察所得，擬定具體的行動方案，進行個人的創新與有效學習。其次，態度亦是一個重要因子，態度轉變是行為改變的關鍵，態度是個人透過家庭、團體或社會而學到的事物，它可能拒絕暫時的反應或者支持一種持續和特有的行為，這樣的結果，往往使人在評估周圍環境時不再能夠保持中立，陷入有利的與不利的以及協議不一致的二分類中。評估對象（例如人，地點或問題）的頻率越高，出現某種態度的可能性越大（態度可及性的概念）(Fazio, 1990)。因此，就產生的強烈情緒而言，高強度（高度贊成或反對）的態度是對事物的特徵與其評估之間的自動連結（連結又是持續學習和更新過程的結果）的結果；另一方面，低強度態度是由物

體與其中等情緒評估之間的關聯引起的，在這方面，重要的是要強調個體可能熟悉對象的特徵，而不會自動將它們與正面或負面評估相連結。

就組織變革的深度而言，近年來轉化式的變革(transformational change)已逐漸成為組織與個人變革的主流，相對於過往強調漸進式的變革(incremental change)優於躁進式的主張，轉化式的變革將更具有挑戰性。轉化式的變革常牽涉到更深層的學習與改變，可能包含了認知、技術、能力、態度與觀點的轉化。組織與個人的持續學習，將不僅有助於組織競爭力與與個人能力的提升，對於組織運作與個人觀點的轉化亦有相當助益。組織變革、轉化與學習之間具有密不可分的關係，組織面對外部環境的更迭，必須擁有自我轉化的覺知與能力，方能回應複雜、競爭與內外衝突的組織外在環境；轉化學習是深層的學習，也是個人與組織最重要的能力，在自我轉化的組織中，組織所有成員與組織本身應能提供並實踐成員集體合作並持續創新的學習機會。組織變革可預期的將會對個人帶來情緒與態度的衝擊，進而影響對組織變革的行為反應。本章即在探討個人面對組織變革過程中的轉化學習的相關論點，分別敘述如下。

一、轉化學習之意義

轉化學習（transformational learning）又被譯成「轉換學習理論」、「觀點轉換學習理論」或「轉換理論」，是指學習者較深遠改變的過程，關鍵在於解決問題。Mezirow 是最早提出「轉化學習」相關概念的人，他在 1978 年第一次將觀點轉化（perspective transformation）的概念導入成人學習理論中，且 1991 年出版《Transformative Dimensions of Adult Learning》一書，進一步闡述轉化學習的內涵與歷程，這也就是我們現在所擁有的轉化學習的理論基礎。其主張轉化學習涉及「觀點轉化」（perspective transformation），意指個人世界觀的改變。Mezirow 把學習界定為一個創造意義的活動：「學習被認為是運用

先前的詮釋，對個人經驗的意義做出一個新的或修改過的詮釋，好用來引導未來行動的一個過程。」(Mezirow, 1998)。因此，Mezirow（2000）將轉化學習定義為：轉化學習是一個過程，在此過程中轉化了人們習以為常的參考架構（frames of reference），使參考架構更具包容性、區辨性、開放性、整合性，並藉自我的反思使人的信仰與見解變得更真實與合理，以領導未來的行動。

在成人的學習經驗中，個體會不斷的把新的經驗整合到先前的學習中，獲取新的知識和技能。當個體原有的信念、經驗或觀點無法解釋或消化新經驗時，個體就可能陷入一種矛盾或兩難的情境中。Mezirow（2000）認為個體若要從困境中解放，就必須了解原有的假設如何（或為何）限制了我們對這個世界的知覺、理解和感覺，並且透過自我檢視及質疑以確認或修正個人信念、價值觀或是詮釋方式的過程，來移除原有的價值觀或世界觀對於自身的限制。而這個移除限制的過程，其目的在於產生更具包容性、區辨性和整合性的觀點，並據此新的理解來付諸行動，即是一種解放的學習（李素卿譯，1996；黃富順，2002）。

Cranton（1994）指出，一個人如果要產生真正的改變和成長，必須透過不斷地質疑自己既存的假設、信念和價值。在此過程中，最重要的核心過程就是批判思考，因為個體掙脫了過去他認為理所當然或是個人所能掌控的種種限制，並努力嘗試發現許多其他另類思考模式或選擇機會。Boyd（1991）認為，轉化學習是個人人格的一種根本改變，它連帶地牽涉到個人兩難困境的解決與自覺意識的擴張，藉由與內在心靈衝突達成協議，使得個人可以促成較大的人格整合。Daloz（1986）則認為，轉化是從舊的架構到新的架構所引發個人世界觀的改變。

Lamm（2000）綜合了成人學習觀點、組織心理學、分析心理學、及成人發展等領域，分別對於轉化學習之定義整理如下：(一) 成人學習觀點：重要的學習是發生在「當成人反省自我形象、改變自我概念、質疑先前內化的規範、以新觀點重新詮釋自己當下與過去的行為時，而學習到如何轉換觀點、移轉典範、並以新的方式詮釋世界」；(二) 組織心理學：區分單環學習（未改

76

變假設下的新行動）與雙環學習（轉換既存的假設並採取不同形式的行動）；前者檢視所信奉的理論（個人所遵循的意識理論），後者檢視使用中的理論（可從個體行動中所推論的隱性理論）；(三) 分析心理學：轉化是一種「個人人格上的一種基本改變，牽涉到個人困境的解決及達到更寬廣的人格統整之意識擴張，以顯示自我與他人的真誠關係」；(四)成人發展：轉化是「從舊的架構到新的架構」，引發個人世界觀的質性發展之改變。Lamm 認為不論何種學派之論述，其定義指出轉化學習指涉個人對自我概念、人格特質、價值觀與世界觀之改變的歷程（引自林曉君，2014）。

　　綜合上述，個人的轉化源自於個人對於既存的假設、信念和價值與反思與挑戰，經由反思與挑戰，對於新的環境場域進行態度與觀念的轉變，並對新環境場域進行知覺、理解和感覺，從而擬出對策、做出改變。因此，轉化學習可包含以下三個重要的層面：第一，個體經由批判思考，反思既有的假設，信念與價值，進而改變自我態度與觀念；其二，闡述並且確認個體內在的批判性思考，當個人面對困境時，進行人格意識的統整，俾利建立自我與他人關係的建立；其三，轉化學習行動，讓個人跳脫既有框架轉移到新架構，產生內在的質變，進而促成外在行為的改變。

二、轉化學習理論之內涵

　　Mezirow（1991）的轉化學習理論建立在觀點轉化過程中，以及透過反思轉化扭曲的意義觀點，以下分別說明轉化學習核心概念、扭曲的意義觀點、反思類型、學習類型、及綜合說明轉化學習歷程。Mezirow 於 2000 年主編《轉化學習：一個發展中的理論之批判觀點》（Learning as Transformation: Critical Perspectives on a Theory in Progress）一書，將心智的習慣訂出更清晰的類別，包括：社會語言學的（例如文化的一般原則、意識型態、社會規範、次社會化等）、道德倫理的（例如道義心、道德規範）、知識的（例如學習型

態、知覺偏好、關注整體或部分、具體或抽象)、哲學的(宗教教義、人生觀、超越的世界觀)、心理精神的(自我概念、人格特色或心理類型、情緒反應、想像、夢境等)、美學的(對於美的價值觀、偏好、態度、標準以及對美學表達的洞察與真誠性)。轉化學習是個人創造意義的過程,個體會根據過去的經驗去形塑一套意義參考架構(frame of reference),如圖 11 所示(Mezirow, 1997, 2000;引自林曉君、蕭大正,2009)。

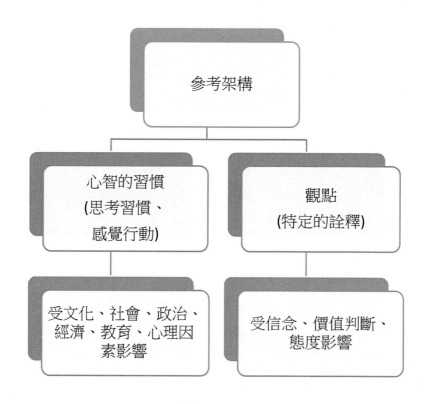

圖 11 參考架構的內涵

從圖 11 可以看到,從參考架構所形成對於事物的意義結構(meaning structure),是由意義觀點(meaning perspective)和意義基模(meaning scheme)

所組成，用以詮釋日常生活事件的意義。個體的學習是依賴既有知識而從經驗中詮釋意義的過程，以下則分別說明之。

(一)意義觀點（meaning perspective）的內涵

意義觀點是觀點轉換學習理論的核心概念。它是一套參考架構或是一套習慣的期待，是由文化與心理的假設所建構而成。在此結構中，新的經驗會受到個人過去經驗的同化或轉換。換言之，意義觀點是由一組參考架構所建構成的既定期望，個體用它來做為反應他們的符號模式，以及做為解釋和評估經驗意義的信念系統（Mezirow, 1991）。

部分學者引用 Mezirow 所提出的意義觀點分成三種類型，包括有認識的、社會語言學的和心理學的三種類型。

知識的意義觀點（epistemic meaning perspectives）指個體用來認知與運用知識方法的意義觀點，亦即，個體對知識是什麼、如何獲得知識及如何應用知識的觀點。這種認識的觀點可能受到個人發展階段、覺知的界域、學習型態、思考方式等的影響（Taylor, 2017）。

社會語言學的意義觀點（sociolinguistic meaning perspectives）指個體以社會規範、社會角色、文化期望、社會化和語言符號為基礎的意義觀點，包括個人的文化背景、使用語言、宗教信仰、家庭成長環境、和他人互動過程等都是影響個人社會語言意義觀點的因素（Hoggan, 2016）。例如：性別刻板印象、個人的宗教價值觀、家庭觀念等都是社會語言學的意義觀點。

心理學的意義觀點（psychological meaning perspectives）即個人如何看待自己的方式，亦即個人對自我的了解，包括個人的自我概念、需求、焦慮、偏好等。通常這些看待自己的方式主要受到兒童時期的成長經驗，尤其是受到負面經驗的影響較深(Lamm, 2000)。例如:個人未來的發展期望、人生態度等，都屬於心理的意義觀點。

(二)意義基模（meaning scheme）的內涵

意義基模是一組特別的知識、信念、感情、價值判斷和情感等，並以此做為我們對實際生活的特殊詮釋，同時也是指引個體行動的準則。一般而言，意義基模可能包含如何去做、如何理解他人的意義，以及如何了解自己等三個面向，而且也比觀點容易進行批判反省與轉換（Mezirow, 1991）。

當意義觀點無法解釋目前所遭遇的現況，導致無適當行為以適應目前生活，則為扭曲的意義觀點（distorted meaning perspective），故扭曲的意義觀點定義為「未經批判反省而來或是未發展完全（undeveloped）的意義觀點」。Mezirow（1991）認為，意義觀點由眾多因素交織而成的，包括個體的學習經驗、成長背景，以及個體看待自己的方式。因此，意義觀點及其所包含的意義基模，會因某些因素的影響而產生扭曲。Mezirow（1991）指出這些扭曲的意義觀點會侷限個體的成長、發展及改變，使個體在看待事物上缺乏開放性與包容性，而阻礙經驗的整合。

從意義觀點的分類中，導致意義觀點扭曲的因素有所不同，茲分述如下：

1.知識論觀點的扭曲

知識論觀點的扭曲涉及知識的本質及其使用。如覺察範圍（scope of awareness）與學習風格（learning styles）。Mezirow 以 Kitchner 的七個階段的反省發展論（stage in the development reflective jugement）為基礎，說明在早期的發展階段中，個體可能因為反省判斷能力的不足，而較易有扭曲的知識論意義觀點產生（黃富順，2002；Cranton, 1994）。

2.社會語言學觀點的扭曲

Mezirow（1991）認為所有社會語言機制都有可能專斷地塑造和限制個人之知覺與理解的一切機轉。這些機制包括內隱的意識形態、語言遊戲、文化規約、社會規範、社會角色以及各種理論與哲學等。此外個人的選擇性知覺、意識層次、文化以及社經背景也都是影響社會語言學觀點的扭曲因素。

3.心理學觀點的扭曲

心理學觀點的扭曲通常與童年創傷（childhood trauma）經驗、人們早期的生活經驗及教育經驗所形成的自我概念有關。此外人格變項要因，如：所偏好的控制信念、性格的偏好會影響心理學的意義觀點。

Mezirow（1991）認為批判性地反省能夠促成解放性學習，修正扭曲的意義觀點。在這個過程中，除了了解與思考問題的內容外，也會更進一步了解我們用來判斷知識、感覺、信仰和行動的準則是什麼，以及批判性的審視許多我們視為理所當然的假設，與這些假設所造成的影響。黃富順（2002）的研究指出，就反思的內涵來說，Mezirow（1991）將反思區分為三種型式，茲分別說明如下：

1.內容反思（content reflection）

是指一個人針對問題的內容或敘述的內涵進行檢驗，以判斷論述內容之真實性與合理性。例如對方告知我們額頭發燒不舒服，透過內容反思，我們可以從對方的神態與體溫測量做判斷，以檢驗對方所說內容是否真實。

2.過程反思（process reflection）

涉及到個人對自身如何解決問題的策略進行檢核的過程。例如：個人錯把壞人當好人而吃虧時，則開始反思自己判斷好人或壞人的過程，才發現先前的想法中覺得壞人應該就是兇神惡煞模樣，因為這個想法導致誤判。

這種藉由對使用策略、理論、感覺或是情境等面向進行評估的過程，即是 Mezirow 談到的「過程反思」。

3.前提反思（premise reflection）

前提反思通常是對問題本身的質疑。例如：當我們判斷某人是好人或壞人時，我們可能會反問自己，為什麼我們必須將人分成好人或壞人？我們價值判斷的標準又是什麼？前題反思促使個人產生一種意義觀點的轉化，亦即促成信念系統的轉化。

　　內容反思和過程反思通常會改變我們的心意，進而導致意義基模（信念）的自然轉化，然而只有在前提反思發生時才會促進個人產生意義觀點（信念系統）的轉化，或是幫助人發展更完整的意義觀點。此外並非所有反思都產生轉化學習，亦即，只有當個體原有意義觀點的假設是扭曲的、不可靠的、不合理，而且當個體詢問「為什麼」時，其反思就會在意義觀點上產生轉化。此時，前提反思才會導致觀點轉化，否則只是確認原有的意義觀點（Mezirow, 1991）。

　　此外 Mezirow（1991）依據 Habermas 的溝通行動理論將學習的類型區分為工具的學習、溝通的學習、解放的學習（楊深耕，2003；Mezirow, 1991, 1995, 2000）。尤其解放的學習是終極的學習目標，幾乎等同於 Mezirow 認為的轉化學習，以下分別敘述之。

1.工具的學習（intrumental learning）

　　工具的學習領域主要目的是要了解事物間因果關係的決定過程，並以任務導向的方式做為解決問題的主要方法，如對環境的控制或是對他人的掌握，來判別是否具有真實性的學習，即是工具的學習，主要是與認識的意義觀點有關。

2.溝通的學習（dialogic learning）

　　學習者經由語言、文字或是藝術與他人溝通互動的過程，理解對方的想法和概念，並以此做為解決問題的主要方式，使互動的雙方達成共識是溝通學習的主要目的。至於如何達成共識，並能有效性的檢驗，是溝通學習的一個重要議題。

3.解放的學習（emancipatory learning）

　　解放的學習是經由批判性自我反省而產生，意謂個體可以從生存的本能、機制或環境中，被視為理所當然用來限制個體的態度選擇，以及對生活控制能力的力量中解放出來，而解放學習的過程通常會產生意義觀點的轉化。當

學習者進一步改變原有意義基模，即可視為是解放學習的第一歷程，而當學習者藉由批判反省的過程改變原有的意義觀點，即為解放學習的第二歷程。因此，解放的學習通常被視為也是轉化的學習。

綜合來說，Mezirow 最早描述個人轉化學習的過程，是他在 1975 年和同儕根據一項針對八十三位重返大學且重新進入十二個不同回流教育方案之女性所進行的研究，他歸納大部份經歷觀點轉化歷程的學習者都會經歷十個轉化學習步驟（Mezirow, 1991）。茲分述如下：

1. 能體驗到個體面臨的兩難困境。
2. 自我感受到罪惡感或恥辱，進而自我檢驗。
3. 對於當前所面臨的知識、社會文化、心理的各項假設，進行批判省思。
4. 將個人的問題與轉化經驗分享他人，因為他人可能曾經歷相同的感受。
5. 探索並選擇新的角色、關係與行動。
6. 規劃行動的計畫。
7. 學習執行行動計畫相關知識和技巧。
8. 致力於嘗試新角色的扮演。
9. 個人從新的角色和關係中建立自信與能力。
10. 根據新觀點重建個人生活方式。

根據上述的十個階段來看，觀點轉化的過程常起於個體面臨兩難困境，例如，較以往不同的生活事件或生活經驗。在此情境中，個體因為發現原有的意義觀點無法有效詮釋新的生活或經驗，使個人重新自我檢視、評估自己過往的假設與信念，並修改假設直到能適應整個架構，並產出新的事件（Mezirow, 1981）。

對於觸發這種重新思考的關鍵，Mezirow 提出兩種可能，其一是個體面臨生命歷程中的重大衝擊而必須加以轉化；其二是逐步累積（cumulative）而成的轉化，亦即經由的觀點轉化而形成心智習性的改變（Mezirow, 2006）。Mezirow 提出的轉化學習的十個轉化階段，基本上是以批判反省為基礎的直

線轉化歷程（Clark & Wilson, 1991），而轉化學習的發生則有賴於個體針對原有的意義觀點進行批判性的前提反省，才有可能從原有意義觀點的限制中解放出來（陳明蕾，2002）。

(三)個體觀點的轉換

Mezirow 認為轉化學習是引發參考架構(frame of reference)改變的一種歷程(Mezirow, 1997)，而參考架構就是一種意義觀點(meaning perspective)，藉由此觀點理解經驗的假設架構，它是由心智的習慣(habits of mind)與觀點(points of view)所組成的，心智的習慣受文化、社會、教育、經濟、政治或心理因素影響人們的思考習慣、感覺和行動，而心智的習慣又與特定的觀點－信念、價值判斷、態度 和情感等形塑特定的詮釋 (Mezirow, 1997, 2000)。Kitchenham(2008)將 Mezirow 轉化學習理論進行個體觀點轉換(perspective transformation)之圖解，歸納如圖 12（引自林曉君，2014）。

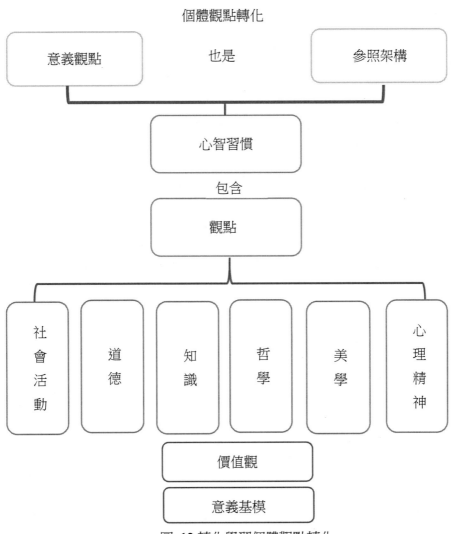

圖 12 轉化學習個體觀點轉化

　　圖 12 有助於整合個體觀點轉化的過程與轉化因素的關係,可做組織進行變革時,協助組織成員了解變革的進程與成效,促使成員進行意義觀點的轉化,減少成員因變革產生的抗拒,與組織共同邁向成功的組織變革。

三、轉化學習理論其他相關研究

自 Mezirow 的轉化學習理論提出後，相繼有許多學者針對轉化學習理論的轉化階段與關鍵內涵的研究提出補充和修正，顯示轉化學習在組織發展過程中的重要地位。

Taylor（1994）的研究中指出，觀點的轉化可能是對另一種文化了解與改觀的長時間累積過程，而非 Mezirow 所言兩難困境是一種單一且立刻覺知的事件。兩難困境的經驗，除了可能導致罪惡與羞恥感之外，也可能引發不同情緒的反應，例如驚訝、震撼、焦慮甚至興奮等（李素卿譯，1996；Taylor, 2007）。

此外 Taylor（2000）指出轉化學習的過程並非全然依循 Mezirow 理論中線性次序階段發展，而有迴旋反覆的傾向，且未全然包含所有階段。Taylor（2000）綜合相關學者的理論認為轉化學習歷程受到學習情境因素的影響。他將學習情境因素分為個人和社會文化兩類。以個人因素來說，學者引用 Jung 的心理類型理論說明轉化學習歷程受到人格特質影響，人格特質則為個人對於事物所採取的特定觀點，且不易改變（李素卿譯，1996；Dirkx, 2006）；另外，就社會文化因素而言，學習者在遭遇困境後，需透過與人分享、溝通，才能進展到批判反思階段。還有，改變後的新觀點需要他人的檢視與認同才能逐漸確立（Baumgartner, 2001）。

因此，真正的觀點轉化是要將新觀點實踐落實於現實生活中，透過與人分享、溝通，進行批判反思，在過程中可能產生驚訝、震撼、焦慮等因素。因此，個人要能成功地進行觀點的轉化，組織成員本身身處的情境脈絡是否有足夠的支援系統與相關的支持與協助，這將會是影響學習者轉化結果的重要因素。畢竟，學習是發生在錯綜複雜的真實世界場域中，轉化須從個人內

在結構與社會文化情境脈絡中進行改變，轉化學習的持續發展方能在變動的環境中獲取生存的機會，不然，個人將被變動的時代洪流所淹沒。

在轉化學習歷程時，個人狀態與社會脈絡，以及對個人與組織所可能產生的影響，都是個人在進行轉化學習時必要的考量因素。批判式的自我反思固然扮演重要角色，但是，還必須顧及到社會關係與心理支持，才有助於學習者的觀點轉化。

四、轉化學習歷程修正模式

對應 Mezirow（1991）所提出的轉化學習歷程，以及後續學者對於轉化學習歷程的修正模式，或可將轉化學習歷程分為以下四個階段：

（一）醞釀觸發期

個人往往由一個事件導致個體不舒服或困惑。例如：面臨不同的生活情境、突發事件或累積性問題，對於舊有架構產生質疑，此時期屬於自我檢驗的階段。如同 Brookfield 根據 Mezirow 提出的十個轉化歷程階段，修正為批判性思考（critical thinking）理論（李素卿譯，1996；Brookfield, 1987），當中，則提到個人必須要經歷觸發事件（導致個體不舒服或困惑的事件）、評價階段（檢驗自我的意義觀點），則可對應此時期。此外亦可對應 Keane 將轉化學習歷程應用宗教領域，並依據宗教人員所需之轉化學習觀點修正上述轉化學習歷程四個階段（賴麗珍，1996）中的自我和諧受擾亂過程。如同 Taylor（2000）所提出的修正轉化學習模式中的觸發事件（Encountering trigger events）階段。

（二）反思探索期

個人對認識的、心理的、社會語言學的意義觀點進行內容反省，並向自己提出問題、檢視原有的信念與假設，探索新觀點並進行檢驗，則可對應到

Brookfield 的批判性思考（critical thinking）理論中提到內容反省（從思考內容進行反思）和自我探索（進行意義觀點的過程反省）歷程。亦可對應 Keane 將修正轉化學習歷程四個階段中的找尋自我意義，以發展自主能力、信任自我、學習有效策略以進行認知統整。Taylor（2000）針對 Mezirow 所提出的轉化學習歷程步驟中的面對現實（Confronting reality）與到達過度時期（Reaching the transition point）階段。

（三）自我整合期

個人試著解釋前一階段發現的矛盾，或研究新的思考與行為方式。亦即，個體進行意義觀點產生的過程作反省。如同 Brookfield 的批判性思考（critical thinking）理論的發展替代（試驗新觀點與行動策略）過程，亦可對應 Keane 將修正轉化學習歷程四個階段中的自我接受產生新觀點和重整意義基模並產生新的觀點；抑或 Taylor（2000）針對 Mezirow 所提出的轉化學習歷程步驟中的轉換或超越（Shift of leap of transcendence）和自我承諾（Personal commitment）階段。

（四）行動實踐期

個人試驗新的思考或行動方式，藉由信念與假設的轉化，整合結果可能會有新的行動發生，也可以僅是內在運作。從 Brookfield 的批判性思考（critical thinking）信念與假設的轉化並整合新觀點與行動，對應 Keane 所提建立與發展（Grounding and development）具體實踐行動階段。

綜上，組織成員面對組織變革的不可逆時，對於所處未來環境所需之知識、技術與問題解決能力的強化；面對工作的調整與職務的變遷所可能產生的不安因素，或可就由轉化學習的實踐來改善以上問題，成為組織變革過程中的適應者與成功者。以十二年國民基本教育課程綱要前導學校校長經過工作困境與轉化學習為例，如圖 13。

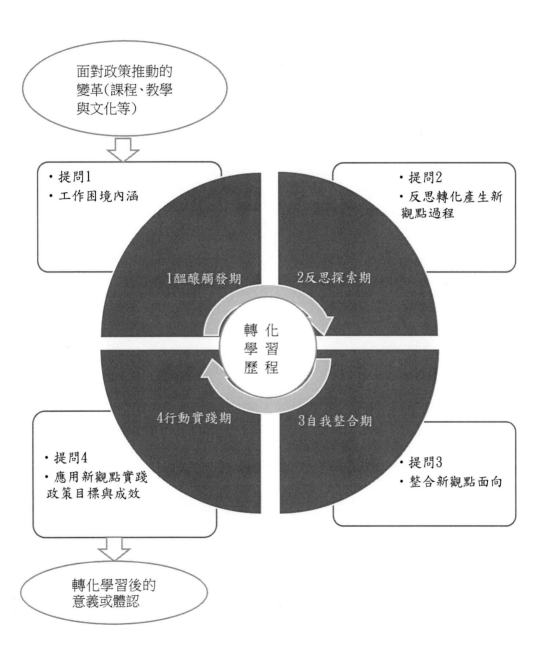

圖 13 轉化學習歷程

第七章　組織變革與組織學習

　　組織學習是一種動態的過程，它不僅隨著時間或不同的層級（如個人、團體或組織）而改變，同時它也是知識轉移的一種過程。如個人可將自己創新的想法或意念，透過溝通與解釋與團體中的成員共同分享，甚至於更進一步整合成為組織的一種制度（正回饋），同時組織也可將已形成之行為模式或制度，影響組織中的團體及其每一位成員（負回饋）（涂保民，2003）；楊仁壽與王思峰(2002)指出，當前環境的快速變動已成常態，加上自由化與全球化的浪潮加速全球的競爭，組織必須有效學習，迅速改變其經營模式與解決問題的方式，此時「讓組織能學習變成一個重要的課題」。由上可知，組織學習是組織發展的動態學習過程，透過學習的獲得、傳播與分享，讓組織的知識成長帶動組織的永續經營與發展。

　　自從 Peter Senge（1990）發表了「The Fifth Discipline: The Art & Practice of the Learning Organization」，倏忽已過了 20 年，這本書不僅僅是當年企業暢銷書，更是組織發展的一個突破點，也將 Senge 推向了管理思想家的前列，創造了一種變革語言，因而被甚多的組織所接受，它提供了個人與組織共同建立願景的工作場域取向。Senge 1994 年接續出版「The Discipline Fieldbook: Strategies and Tools for Building a Learning Organization」 更催生了一場世界性的運動。

　　學習型組織的藝術與實踐一書，激發了人們對組織成長和更新的關注，克服外部環境威脅與培養組織內個人能力啟發的重要性。Senge 認為，真正發展學習型組織需要改變我們的「心智模式」。在早期有關於變革的討論中，讓我們注意到世界某個地區的變化會影響其他地區。Senge 認識到這種現象並

強調系統思維的概念，這是一種觀察組織和個人的整全方式，並提供了一個有助於規劃和改變工作的視角。

學習型組織的另一特徵是團隊學習。Senge 認為無法協同合作的團隊，只是造成大量能量的浪費。雖然團隊中的個人可能會勤奮工作，但整體團隊工作量卻很低，因此團隊學習更顯重要。在思考團隊領導者和團隊成員角色的觀點時，將這些想法加以統整有助於擴展組織整體的視野，例如，如何進行團體的協同合作，而不是團體中的個人工作；每個成員的能力與其他成員才能的互動結合，以成就組織的最大效能。

同樣，個人和組織願景的一致性，只有在組織和個人都發展出願景時才會發生。在這種背景脈絡下，共同願景是必要的，組織和個人都無法推卸擬定共同願景的責任。

很明顯，這些新理念將加速組織的變革，改變我們對於團隊進行組織轉型的觀點和期望，以及完成組織願景的方式。團隊領導和追隨者都是積極參與者以及承諾者；有效的團隊需要組織的願景，每個成員必須感知並將其視為個人願景的一部分；經由組織和個人的願景，組織可以期待其成員的承諾、勤奮和對工作的熱情，能夠找到工作熱情的個人和組織不僅能夠蓬勃發展並且能展現成效。

但在組織工作現場採取 Peter Senge 的觀點後，也發現了一些執行障礙，有些組織因採取此觀點進行有效變革而遭遇挑戰並且感到沮喪，甚至失去工作(Webber，1999)。因此，Peter Senge 和他的同僚在 1999 年又出版了「The Dance of Change: The Challenges to Sustaining Momentum in Learning Organizations」一書，此書在說明學習與變革並強化「我們已經學會了何謂學習(what we've learned about learning)」，此書包含兩個重要課題：首先，啟動和維持變革比「The Fifth Discipline」所提出的樂觀表現更令人生畏。其次，變革的發生的任務需要人們去改變他們對組織的思考方式－較少管理人員的思考模式，而是更多生物學家的思考模式。

　　Yorks 與 Marsick (2000)West 認為，組織轉化是屬於學習型組織的文獻討論範圍，組織學習的目標是轉化組織。組織目標的轉化，是使組織成員更有效的理解組織績效目標，而這個目標可能與個人的生活和選擇有所衝突。組織轉化也是要打破組織成員過去的行動方式，產生新的運作型態，是一種「不連續的改變」，以反應變革層面的巨大影響範圍。所以組織轉化從組織學習的角度而言，轉化學習在個人的部份是期望能達到組織的使命目標。因而 Yorks 與 Marsick 專注於組織中從個人、團體、組織三層次的轉化學習，提出了行動學習(action learning)與合作探究(collaborative inquiry)兩大策略（引自林曉君，2014）。

　　隨著二十世紀末開始知識經濟時代利用知識創新來獲取利潤，而人類的活動也由個人逐漸走向社群與組織的團隊生活（蔡金田，2019），學習社群理念，亦普遍在不同組織中發酵，例如，Senge（1994）提到學校轉換成為學習社群，可能為教育工作者帶來更重要的挑戰，它需要組織成員有時間合作，有持續的行政支持，同事有溝通的管道；經濟合作與發展組織（Organization for Economic Co-operation and Development, OECD, 2005）亦提到未來的學校與領導者將面臨：1.能將個人工作置於廣大的社群脈絡，平衡專業並擱置利益，2.能持續知識領域以及專業的學習與發展等任務與挑戰；Sergiovanni（2002）曾談到學校領導者應由管理者及激勵者，轉變為發展者及社群建立者，強調民主式參與，共享價值、理想、標準與目標。校園學習社群與社群領導已被教育部及地方政府列為精進課堂教學能力之子計畫中，成為政府的教育政策，因此學校必須因應實踐校園學習社群所帶來的種種挑戰。

　　茲就組織變革與組織學習說明如下：

一、Peter Senge 組織變革與組織學習的觀點

　　誠如上述所言，Peter Senge 乃學習型組織的創始者，對於面對環境變遷的組織學習有其看法。以下藉由 Webber(1999）在對 Peter Senge 的訪談中，來了解有關組織變革與組織學習的議題，訪談結論如下：

　　（一）大多數由高層推動的領導戰略從一開始就注定要失敗。組織重組是常見的組織策略，但重組實際上會產生比以前更有效的組織則不常見。這種傳統的變革模式－從高層領導的變革始終無法留給人們深刻的印象。但 Peter Senge 在 SoL 社區研究中(20 到 30 個重大持續變革工作的例子）發現變革是可能的，許多組織在真正的變革時已經奠立良好基礎，但是許多組織一開始便放棄嘗試變革。所以變革的可能與不可能這兩個課程都很重要。

　　（二）變革能否成功不是資源(時間、資金、顧問或更多努力等）與智力(主管、執行長等）的問題，而可能是存在於組織中更普遍性與一般性的事情。

　　（三）在世代的交替中，組織應將人視為機器的觀念轉變到人的自然本質，以及與自然的結合而非分離。組織面臨環境問題、人的問題與制度的問題。但無論採取宏觀、個人還是制度層面的論述，問題都指向同一個方向：一個時代的真正特徵在於它如何影響我們思考，以及思考如何影響決定，進而採取行動。傳統的機械式思維模式，直接影響著我們對組織的看法，因此，組織應從思考中創造變革。

　　（四）在機器時代，企業本身就變成了一台機器－一台賺錢的機器。在工業革命的過程中，有人操作或控制機器被稱為管理人，是機器擁有者，當它正常運行時，帶來收入，一切都與控制有關。一台好的機器是其操作員可以控制的機器－為機器所有者的目標服務。企業即機器模式適合人們思考和傳統組織的營運方式。當然，它符合人們對改變傳統組織的看法：你有一個破碎的組織，你需要進行變革進行修復；當機器零件毀損時，新技師帶來新

零件進行修復，這就是組織為什麼需要「變革推動者」和能夠「推動變革」的領導者。但證據說明大多數變革都不是很成功，這導因於企業是有生命的組織體，而不是機器。

（五）人際關係是很重要的。以機器模式思考會讓我們陷入困境，改變關係的過程要比改變機器的過程複雜得多，它需要改變意願、需要一種開放感、互惠感，這個關係可能存在著脆弱性，人與人之間彼此相互影響，這與機器是完全不同的關係。人際關係要創造和培養親密的友誼或家庭關係，但人際關係若被破壞，要修復總會遇到許多麻煩。因此，了解人際關係，團隊合作和信任對於有效運作至關重要。

（六）對於領導力和變革的看法，如果採用機器視窗，領導者將以正式變革計劃推動變革；如果採用生命視窗，領導者會接近變化，正如他們正在成長，而不僅僅是「改變」某些東西。在大規模的情況下，企業並不會機械式地改變事物，企業需要取新換舊，新的東西在增長，最終將取代舊的東西。

(七)從行為層面來看：若新行為比舊行為更有效，那麼新行為就會被採用。成長由小到大，成長是由於各種力量的相互作用而產生的。這些力量分為兩大類：自我強化過程，產生成長；但限制過程，可能會阻礙成長或完全停止成長，成長的發生模式受這兩種力量的相互影響。

The Fifth Discipline 借助系統動力學的定義－根據系統內的回饋相互作用來看待結構，制定的一種相互依賴的模式。人們以可預測的方式相互聯繫，形成一種模式，然後定義關係的結構、規範、期望與溝通的習慣。這種模式不固定，會隨時改變。

（八）變革能經由正式與非正式學習來促成個人成長，這是一種自然生成的工作，而非機械式的思維與對領導者的崇拜可成。組織中的大多數都無法做出深刻的改變，因為組織運作不是出於成員的承諾，因而不符合成員需求。承諾只有在組織要求成員做他們真正關心的事情時才會出現。因此，如果組織創建承諾取向的變革，變革將會發生，相反的，變革將產生阻礙。

（九）如果組織想要確實實踐重大的與永續的變革，組織需要具有才能的、忠誠的直線領導者，組織須尋找價值創造過程核心的人；設計、生產和銷售產品的人；以及能提供服務與客戶交談的人。創造價值的活動是直線領導人的職責，如果這些人沒有創新，那麼創新就不會發生。

第二階段的變革是逐漸將新的變革實踐傳播到整個組織中。上述論及組織的重要成員，是組織變革的播種者，是內部網絡工作者，他們知道如何讓成員彼此交談以及如何建立非正式社群，實際上，他們正在創建實踐社群，這些網絡工作者代表了第二種領導力。這些變革的開展比高階領導者將自己作為英雄來提供變革訊息更有效，它們更適合擔任教練或導師的角色。因此，組織中有三個領導社群：直線領導者、內部網絡工作者或社群建構者、以及行政領導者。要進行重大變革，這三個領導社群必須建立相互作用，社群無法彼此相互取代，每個社群都是組織不可或缺的。

（十）成功的組織學習計劃不會從組織頂端推出，不是一個人而是一個團隊。組織團隊可以是任何團隊，關鍵變革的規劃是在頂級團隊中完成的。在自然界中，任何東西都是由小逐漸變大，任何創造變革的方式都是源於起始點－播種者。從起始點到工作小組，第一個要施行的工作是承諾的問題：變革的努力是由權威還是通過學習來推動的？必須做出決定，選擇一條中心路徑，接續即是強化因素，包含新的指導思想、基礎設施的創新、理論、方法和工具。

（十一）播者者撒下種子，種子開始實現其成長潛力的自我強化過程是什麼？當種子與土壤相互作用時，有哪些過程限制種子發揮成長作用？事實上，有許多自我強化因素有助於變革起始點的紮根。如成員在變革中發展個人利益、與同僚的人際關係、成為忠誠社群網絡的一員以及有良好的成果值得參與等。成員的熱情是任何變革過程的最初激勵者，這種熱情源於成員本身。人們不一定希望在工作中「有遠見」或「進行對話」。他們希望成為一個擁有共同利益的團隊成員，並產出引以為豪的成果。

　　但即使起始點有潛在成長的動能，但卻無法保證一定會成長，因為過程的限制將是成長的挑戰。例如，團隊成員沒有時間承諾改變工作、無法重新安排工作時程、缺乏學習時間等，更好的學習能力將使成員比以前更有效率，但首要工作是投入時間。

　　另一個重要的潛在限制因素即是人的因素。例如組織會進行內部對話，但內部對話的問題不是導致鬥爭，而是創造解決方案，這關鍵因素不是學習如何主導對話，而是投入一些時間改變成員的合作方式，共同投入工作。

　　（十二）組織學習在於發展新事物，而新事物從何發生？實際上，新的事物都會從舊的事物中發展出來，因此，發展新事物並不一定要與舊事物發生衝突，時代的演變不會永遠持續不變，唯一的現象就是改變。當我們擺脫了舊有的思維模式，就會發現新的成長和變革的能力，因此，未跳脫過往，變革不會輕易實現。

　　由上述的訪談研究中可知，組織變革的倡議並非由上而下的線性運作，它可能透過組織內部具凝聚力的成員所組成的社群團隊（網路社群）等發起。組織變革需要同時由三種領導人（直線領導者、內部網絡工作者或社群建構者、行政領導者）構成綿密的執行網路，變革歷經播種、養分與成長，其中涉及眾多要素，諸如組織變革的思維模式；組織成員的成長動能、觀念與態度；組織與組織成員以及成員彼此的互動關係等，都是組織變革過程中營造組織學習應考量的要素。相對的，組織變革亦可能產生阻力，妨礙組織成長，若組織缺乏策略因應，將會影響組織變革的成功。

二、正式與非正式學習

　　傳統上，我們認為環境會改變行為（刺激－反應或因果關係）。但當我們所執行的改變計畫無法改變行為時，我們會嘗試不同的計畫內容，希望它能

夠正常運行，達成行為改變的目的。而這樣的執行過程，從長遠來看，往往會產生預期的成效。

Day（1998）提出，工作場所員工 70%的學習是在非正式場合或在組織開發的正式課程之外進行的。非正式學習是一種非由組織規劃或設計的學習過程，例如，從同事那裡獲得幫助是非正式的學習；正式學習通常意味著組織將產生重大變革，當組織需要進行變革或學習時，找到組織目標與學習者目標之間的共通性是首要問題。當舊思維與方法無法讓學習者有效地獲得他們想要達成的目的(或目標)時，學習者將改變他們的行為方式，這種行為的改變不是基於行為主義的觀點和特定行為的選擇，而是基於學習者發現透過低層次感知的新組合能導致更高層次目標的變化和目標選擇。因此，學習與變革是目標導向，而目標是基於我們的情感。邏輯、規則、推理有助於進一步確定目標，但情緒是主要驅動因素。因此，要做出改變，必須喚起情緒，並運用邏輯和推理來指導情緒，進而化成行動，實現目標。

對於成員的學習，組織必須給予積極的回饋，讓學習者持續變革而非維持停滯，成就一種持續的變化螺旋。因此，我們必須喚醒學習者並提供技能和知識，催化學習者朝著變革的方向前進。

通常，通過非正式學習，學習者已有既定目標；而在正式學習的情況下，則必須與學習者合作，不僅要建立有利於學習者本身的目標，還要使學習者達到組織的目標。其次，通過非正式學習，學習者通常具有適當的模式，或者至少非常了解所需的模式類型與理念；在正式學習的同時，學習者需要構建他們的模式。非正式學習，學習者正在做自然而然的事情，亦即自我平衡，因為已經有了基本的目的和模式，因此朝著目標邁進而且堅持不懈。在正式學習的過程中，學習者必須經歷一個變革過程－轉化成長，因此組織必須協助學習者定義他們的目的或目標，而且必須與組織一致，接續協助學習者創建一個適合學習者本身的模式例如個人學習模式和團隊學習模式，來達到目標或目的。

　　改變成員行為的方式多元，Clark(2004)認為，非正式學習的感知控制理論（Perceptual Control Theory, PCT）(如圖 14)有助於提高學習過程。茲說明如下：

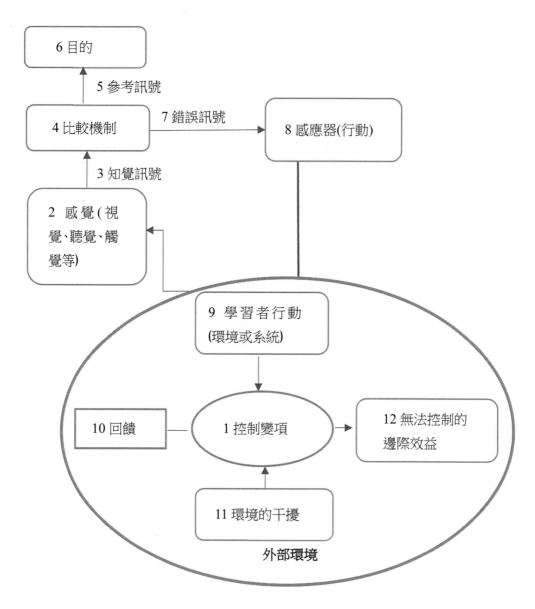

圖 14 非正式學習的感知控制理論

　　透過回饋(10)發現，學習者視覺(2)所見(如數字)不正確(3)，顯示視覺外觀不適合學習者模式(4)，無法達成目的(6)，如果未加以改變(7)，學習者便會不斷嘗試錯誤。因此必須尋求協助(8)，更改視覺外觀(9)，此循環或過程一直持續到學習者對真實事務（回饋）的感知與其模式匹配為止。學習者行為在系統和環境中的行為改變的歷程，莫如此循環，不斷的運行轉變。

　　對於變革方向的錯誤學習者會採取負回饋循環效應，學習者以反轉變化方向（錯誤）的方式回應，直到錯誤停止，不再運作，呈現穩定。由上可知，環境（刺激）不見得能改變學習者的行為，而是學習者的感知去執行改變環境的行為，直到達成目的，意即組織變革過程應考慮環境以及人的因素，方能收統合之效。

三、透過參與式監測與評估進行學習

　　參與式監測和評估（Participatory Monitoring and Evaluation , PM＆E）允許不同的「聲音」從不同的觀點、脈絡與情境中講述他們的故事。Estrella(2000)提到，參與式監測和評估的重點不僅放在正在監測和評估的內容上，而且更關注於不同的議題與利益如何加以測量並與相關代表進行談判。參與過程主要由利害關係者，包括個人、團體、組織和機構的直接和間接影響，以及其他人的行動或發展所產生的干預影響所形塑。利害關係者包括受益人、方案或計劃人員和管理人員、研究人員、地方和中央政府政治家和技術人員、資助機構等，上述利害關係群體代表的加入是 PM＆E 流程發展的「軸心(axis)」，共同分析現況並尋求行動點。

　　從變革中學習，是不同的群體和個人在變革過程中從不同的視角觀察、描述和採取行動，它改變過往過度重視努力的結果和影響的方式，而倡導人們參與分析和解釋變化以及從自身發展經驗中學習的重要性。而隨著各類機

構中的更多利害關係者參與監測和評估，這一學習過程變得越來越複雜。以下就 PM＆E 的相關理念說明如下：

（一）PM＆E 的歷史緣起

參與式監測和評估的概念已實踐相當長的時間。PM＆E 源自參與式研究傳統，包括參與式行動研究（participatory action research, PAR）、參與式學習和行動（participatory learning and action, PLA)）、農業系統研究（farming systems research, FSR）或農業參與式研究（farming participatory research, FPR）、合作與發展研究機構（the Agency for Cooperation and Research in Development, ACORD）和亞洲參與式研究協會(the Society for Participatory Research in Asia)等非政府組織（Armonia & Campilan, 1997）。

到 20 世紀 80 年代，參與式監測和評估的概念已經進入了較大的捐助機構和發展組織的政策制定領域，最著名的是糧食及農業組織（Food and Agriculture Organisation, FAO）、美國國際開發署（the United States Agency for International Development, USAID）、丹麥國際發展署（the Danish International Development Agency, DANIDA）、英國國際發展部（the UK Department for International Development, DFID）、瑞典國際發展局（the Swedish International Development Authority, SIDA）、挪威國際開發署（the Norwegian Agency for International Development, NORAD）和世界銀行(the World Bank)（Rudqvist & Woodford-Berger, 1996）。在發展領域之外，PM＆E 還可以追踪在私營部門個人和組織學習的源起（Raynard, 1998; Zadek et al., 1997）。

PM＆E 受到以下幾個因素的影響：1.管理階層面對績效責任的趨勢，更加強達成組織的結果和目標；2.資金日益缺乏，績效責任對組織成功的影響日益明顯；3.權力下放需要採取新形式的監督以確保透明度並改善措施；4.非政府組織和社區組織作為發展過程中的決策者和實施者的能力和經驗日益強大（Estrella & Gaventa, 1998; Guij & Gaventa, 1998）。

（二）參與監控與評估的整合

　　Rubin（1995）談到，傳統的監測和評估的特點僅僅針對資助機構和決策者的需求，試圖產生「客觀」、「價值中立」和「可量化」的訊息，因此，為了保持「客觀性」，通常會進行外部評估，利害關係人直接參與或影響整個發展活動，如提問、資訊的呈現與成功的界定。針對傳統監測和評估的批評，監測和評估發展的新方法已然產生，這些創新方法旨在通過每個階段的流程納入更廣泛的利害關係者，使監測和評估更具參與性和有效性。雖然 PM＆E有很多不同方式，但至少有四個共同特徵有助於良好的 PM＆E 實踐：1.參與(participation)、2.學習(learning)、3.談判(negotiation)、4.彈性(flexibility)（Estrella & Gaventa, 1998）。此改變的重點在從外部控制的數據庫評估，轉向認同當地相關或利害關係者的過程，以收集、分析和使用訊息（Abbot & Guijt, 1998）。此外參與式監測和評估可以作為自我評估的工具。它致力於成為一個內部學習過程，經由認識利害關係者的不同需求和探討他們的不同主張和利益，使人們能夠反思過去的經驗，審視當前的現實及重新審視目標，並確定未來的戰略。PM＆E 流程彈性、適應當地環境以及不斷變化的環境與利害關係者的關注，通過鼓勵利害關係者參與數據收集，PM＆E 致力於促進決策和解決問題以及加強人們採取行動和促進變革的能力。

　　實際上，傳統方法和參與式監測和評估之間的差異並不是那麼明顯的二分法，參與式和傳統的 M＆E(Monitoring and Evaluation, M＆E)方法有其連續性。參與式評估重視外部專家，從不同的角色和關係中促使更多的利害關係者的參與產生新理念與觀點，例如，讓外部促進者在建立和設計 PM＆E 系統、簡化流程、分析和調查學習結果等方面扮演關鍵角色（Lawrence et al.1997）。在一些 PM＆E 經驗中，該項目使用預先確定的指標來衡量「成功」（Gobisaikhan & Menamkart），而另一些則鼓勵各利害關係者根據自己的標準和指標來衡量變革。

（三）界定參與式監測和評估

　　PM＆E 沒有單一的定義或方法，例如在學術與實務領域常有耳聞的參與式評估（Participatory Evaluation , PE）、參與式監測（Participatory Monitoring, PM）、參與式評量、監測和評估（Participatory Assessment, Monitoring and Evaluation , PAME）、參與式影響監測（Participatory Impact Monitoring , PIM）、過程監控（Process Monitoring, PM）、自我評估（Self-evaluation, SE）、自我監測和評估（Self Monitoring and Evaluation , SM＆E）、參與式規劃，監測和評估（Participatory Planning, Monitoring and Evaluation, PPM & E）、轉型參與式評估（Transformative Participatory Evaluation, T-PE）等(Estrella, 2000)。由於 PM＆E 跨越領域的各種經驗，因此要建立共同定義的確有其難度，而這也強調了釐清「監測」、「評估」和「參與」概念的難度。PM＆E 定義的問題部分源於圍繞術語的使用。在國際發展領域，監測和評估是隱含地表明特定含義的術語，如資助機構主要使用評估作為控制和管理向受援組織或受益人支付資源的工具。這種評估取向是重要績效責任面向，從受援組織的角度來看，評估在很大程度上被視為一種管理機制。

　　當使用和解釋當地語言和背景時，「監控」和「評估」也可以採用不同的含義(Gobisaikhan & Menamkart,2000)，例如，將監控定義為「知道我們在哪裡(Knowing where we are)、觀察變化(Observing change)、里程檢查(Kilometre check)、定期進行評量(Regular on-going assessment)、例行性反思(Routine reflection)、回饋(Feedbacking)」；另將評量定義為「回顧和前瞻的反思過程(Reflection process to look back and foresee)、長時期成就／影響的評量(Assessment of achievements/impacts over a longer period)、從經驗中學習(Learning from experience)、價值評估(Valuing)、績效考核(Performance review)」；參與評量定義為「分享學習(Shared learning)、民主過程(Democratic process)、參與決策(Joint decision making)、共有(Co-ownership)、相互尊重賦權(Mutual respect　Empowerment)」。但隨著地方性定義的不同，參與的要義

若能提出是誰來參與？參與的程度與品質如何？等觀點，或可更完整詮釋該定義。

（四）PM＆E的多重目的

鑑於參與式監測和評估的方法極為多樣化，將PM&E的使用目的以及在何種型態的背景脈絡下進行分組可能更有用。PM＆E方法的關鍵特徵是強調誰推動變革措施？誰從了解這些變革中獲益？在PM＆E中，變革的測量用於不同目的，主要取決於利益關係人的不同訊息需求和目標，這些不同的功能包括：1.改進項目(方案)規劃和管理、2.強化組織和促進機構學習、3.為政策提供訊息。為達成目的所進行評量的內容最終將取決於不同利害關係者觀點與利益的協商結果(Estrella, 2000)。茲將PM＆E實施的目的類型說明如下：

1.根據不同目的評量變革

與傳統方法類似，PM＆E通常用於衡量特定干擾措施產生的變革，其主要區別即在參與式方法中，利益關係人直接或間接參與計劃、選擇變革測量指標、收集訊息和評估結果。評量變革包括追踪輸入、輸出、過程和/或結果（影響）；它還可能包括監測預期和/或非預期的後果。這顯示了獲得哪些變革成就，是否能夠長期滿足預期受益者的需求，以及是否採取了最佳戰略。

PM＆E可作為項目管理工具，用於改進項目規劃和實施，PM＆E為利益關係人和計畫管理者提供訊息，了解計畫目標是否已經達成？資源是否充分的使用？（Campos & Coupal, 1996），這有助於計畫執行與規劃未來活動的決策。

雖然在計畫管理領域有許多PM＆E經驗，但PM＆E越來越多地應用於新的環境中，如應用PM＆E來優化組織和機構學習。PM＆E成為一個過程，使組織和機構，包括非政府組織，社區組織能夠追踪計畫並獲得成功，這有助於強化組織自我反思和學習的能力，從而提高組織永續和有效的發展。

　　組織學習有助於強化組織的績效責任制，在這種情況下，PM＆E常被視為報告和查核的手段，要求更高的社會回應和道德責任的手段。PM＆E不僅讓受益人和其他計畫參與者承擔責任，而且也讓當地利益關係人能夠衡量這些機構的績效，並讓他們對自己的行為和干預負責。設想如果人們能夠更好地創導和詮釋他們的需求和期望，將有助於確保他們交付的需求能獲得滿足。

　　實際上，PM＆E廣泛運用於各式各樣的環境脈絡中，經由目的結合，來實現不同的利益關係人的需求。變革的衡量可以在變革計劃環境之外，亦可在機構或組織內進行，以因應不同的目的需求。PM＆E的多種功能是相互依賴的並且經常重疊，PM＆E系統的核心目的主要取決於不同利益關係人的利益，並可能隨著時間的推移而發生變化。

2.不同利害關係者利益的了解和談判

　　針對目的的達成，必須確定要監控和評估的內容，PM＆E的運作過程在提供一個平台，允許不同的利害關係者闡明他們的需求並做出協作決策。PM＆E致力於他人能夠理解他們所分享的觀點和價值觀，透過彼此的差異，制定長期策略，並採取符合他們的環境背景、優先事項和經營方式的精心研究和計劃的行動（Parachini & Mott, 1997）。PM＆E需要學習有關人們的關注事項，以及不同利害關係者對於計畫執行結果、成果和影響的看法，這些利害關係者的主張和觀點，特別是當特定群體和/或個人對其他人無能為力時，如何透過談判和解決這些不同（通常是相互競爭的）利害關係人的主張，是建立參與性監測和評估過程的關鍵問題。

3.將PM＆E轉化為實踐

　　PM＆E的運作存在以下問題：PM＆E流程的關鍵步驟或階段是什麼？誰應該參與以及如何參與？PM＆E應該多久發生一次？ 應該使用哪些工具和技術？ 雖然PM＆E的實踐過程存在很大差異，但逐步發展出共同的指導方針，這些指導方針有助於確定 PM＆E 的建立和實施方式(Estrella, 2000)，茲說明如下：

　　建立PM&E流程至少有四個主要步驟或階段：規劃PM&E流程架構、確定目標和指標、收集資料分析並使用資料、報告和分享資訊。

　　當不同的利害關係團體第一次聚集在一起，闡明他們的關切並談判不同的利益時，規劃階段對於建立PM&E流程的成功至關重要。利害關係者需要確定他們的監測目標，並確定應監測哪些訊息，以及誰應該參與。

　　一旦利益關係人就目標達成一致，就需要選擇監測指標。在許多情況下，不同的利益相關群體通常就一組共同指標達成一致，而在其他情況下，可能須確定多組指標來滿足不同利益關係人群體的不同訊息需求（MacGillivray et al, 1998）。指標的選擇，如「SMART」原則，認為指標應該是具體的(specific)、可衡量的(measurable)、行動取向(actionoriented)、相關的(relevant)和有時限的(time-bound)；「SPICED」則是近來常被提及的指標選擇原則，包含主觀(subjective)、參與(participatory)、詮釋(interpreted)、傳播(communicable)、授權(empowering)和分解(disaggregated)（Roche, 1999），SPICED反映了PM&E 方法的轉變，更加強化利害關係者可以直接定義和使用指標，以用於解釋和了解變革的目的。

四、建構學習社群

　　回顧文獻可知，社群理論有許多共同特徵：合作、集體責任、共同價值觀和願景、對個人和少數人觀點的關注、有意義的關係、反思性個人探究、團隊合作和推廣以及個人學習（Grossman et al., 2001; Louis, 2006; Stoll 等, 2006; Wenger 等, 2002）。Lave 與 Wenger（1991）提出實踐社群的概念，所指要素包含分享共同行動、程序和目標的參與者。實踐社群的參與者俱有歸屬感，分享對某個主題的關注或熱情，並加深他們的知識和專業知識的持續互動(Wenger et al., 2002)。

　　組織學習的另一新興觀點為學習社群。學習社群源於組織學習，知識分享為其重要理念。Argote 與 Miron-Spektor（2011）認為，知識分享的概念包含組織內不同單位與成員間學習的共同信念與行為規範，亦即組織學習的產出起源於個人學習知識的累積，而成員的流動與移轉都將影響知識的保留與儲存。

　　Grossman, Wingburg 與 Woolth（2000）認為，基於以下幾個理由，學習社群的建構是必須的：（一）成員智慧的更新；（二）社群是學習的場所；（三）社群是培育領導的場所；（四）成員智慧更新與專業社群有助於學生的學習。Roberts 與 Pruitt（2003）談到，學習社群被視為組織進步的有效模式，高品質的學習活動是改善組織效能的必然因素，透過學習社群的合作、權力分享與持續學習有助於組織特色的建立與專業的發展。學習社群有其一定的目標導向，而且此目標能獲得全體成員的認同；它是一種人與環境相配適的組合，社群成員在平等的立場上不斷的合作、分享、反省與成長，進而實現社群的目標。因此，建立學習社群有助於組織成員對於自身所應具備之能力進行反省與成長。

　　Darling-Hammond 與 Richardson（2009）認為，專業學習社群是組織成員專業發展典範，經由同儕嘗試新的方法及團體討論工作實務中所遭遇之問題，藉此提出問題及有效的方法提升組織效能，可知專業學習社群的主要核心理念，即為促進組織成員專業成長與持續提升組織與成員成效。

　　國內外學者與機構對於學習社群之建構，雖從不同的角度探討，但卻有異曲同工之妙，作者統整歸納分析發現，學習社群可涵蓋以下要素：（一）尋求社群成員的共同利益、價值與目標（Australian National Training Authority, 2003; Coalition for Community Schools, 2009; Wilson, Ludwig-Hardman, Thornam & Dunlap, 2004）；（二）連結成員專長與社群的利益、價值與目標（Coalition for Community Schools, 2009）；（三）建構安全與支持性的社群環境（Australian National Training Authority, 2003; Coalition for Community Schools, 2009; Wilson, Ludwig-Hardman, Thornam & Dunlap, 2004）；（四）建構

社群成員的認同、合作、分享、承諾、責任、溝通與創新機制（Australian National Training Authority, 2003; Coalition for Community Schools, 2009; Wilson, Ludwig-Hardman, Thornam & Dunlap, 2004）；（五）給予社群成員必要的專業訓練（Coalition for Community Schools, 2009）；（六）勇於反省、更新及面對挑戰，成就社群的革新與成長（Australian National Training Authority, 2003; Coalition for Community Schools, 2009）；（七）領導者的支持與分享(Grossman, Wingburg & Woolth,2000）。

　　綜合上述論述可知，學習社群有助於成員反省、更新與成長；能將成員、社群與組織目標作結合；認同、合作、分享、承諾、責任、溝通與創新的態度則有助於願景目標的達成，而其重點在於實踐。組織發展需建置有共同的願景，在願景的引領下，經由參與、合作、平等對話、分享與關懷，引發成員的改進、反省與成長，提升成員能力，成為知識經濟時代的工作者，達成組織目標。

第八章　組織變革與組織溝通

　　組織變革已普遍成為管理文獻的一個重點領域。儘管其重要性和研究越來越多，但許多進行組織變革案例大多失敗。在組織變革遭遇失敗的一些研究顯示，有將近三分之一至三分之二的重大變革措施失敗（Beer & Nohria, 2000; Bibler, 1989）；另有研究指出，至少有一半以上的組織變革計劃沒有達到他們預期產生的結果（Bennebroek et al., 2006）。管理不善的變革溝通會導致謠言和對變革的抗拒，並擴大變革的消極面（DiFonzo et al., 1994; Smelzer & Zener, 1992）。

　　當前社會屬於多元文化的結構，全球化的現象已滲透到人類的政治、經濟、文化以及科技生活中，換言之，人們在這些生活層面上，與他國人民互動或參與跨國性事務的機會與日俱增，而跨文化溝通能力與全球公民素養乃是參與國際互動必備的能力（黃文定，2015）。跨文化溝通是近年來熱門的議題，其牽涉的範圍極其廣泛，舉凡有觸及不同文化間交流事物，都可歸類於跨文化溝通的領域內。因此，組織溝通亦無法規避跨文化溝通的理念，唯有重視組織成員的組成屬性，方能就人的因素進行有效的溝通（蔡金田、許瑞芳，2019）。Malcolm 與 John（2013）亦提及，跨文化溝通旨在促進溝通者雙方相互理解和對話，跨越文化鴻溝的方式，不僅鞏固了族群成員之間的情感，也能取得彼此之間的信任感。跨文化溝通能夠認識到對方的信仰、態度和價值觀的差異，能容忍、承認不同的信仰、態度和價值觀，並能同理心的接納他們。

　　溝通是成功變革措施的重要因素，正如陳文進與楊麗玲（2005）談到，溝通已是人類生活的一部分，更是人際關係所必需。所以溝通成為組織系統運

作不可或缺的歷程。組織變革和溝通過程有著不可分割的關係（Lewis, 1999）；DiFonzo 與 Bordia（1998）認為，溝通對有效實施組織變革至關重要；相對的，溝通失敗可能會導致無意義的結果，如壓力、工作不滿意、信任度低、組織承諾減少、遣散意願和離職（Malmelin, 2007），對組織的效率產生負面影響（Zhang & Agarwal, 2009）。Carol 與 Beatty(2015)研究指出，組織變革成功與溝通之間的高度相關性，並且發現，無效的內部溝通是變革舉措失敗的主要原因(Coulson-Thomas, 1998)。Woodward 與 Hendry 研究亦指出，組織變革的六個障礙中有兩個與溝通有關：缺乏充分的溝通（沒有得到通知、收到相互矛盾的訊息、想要了解但沒有得到解釋）以及缺乏協商(Woodward, & Hendry, 2004)。在說服人們支持變革時，專業溝通是必不可缺少的，變革的本質是溝通，也就是說，這種溝通產生了變化，而不僅僅是在其實施過程中作為一種工具(Ford & Ford, 1995)。

有效溝通能減少變革的阻力。變革計劃取決於組織改變每個員工個人績效的能力，如果組織內的變革阻力較低，那麼變革實踐就會變得更有成效（Robertson et al.,1993）。由於組織變革引入了賦予個體員工的任務變化，因而在實施變革時，向員工傳遞訊息是變革戰略的重要組成部分。因此，在組織變革過程中，透過溝通說服利害關係者採納並認同未來的新觀點時，必須清楚陳述三個要素：「為什麼變革？」、「變革什麼？」和「如何變革」。Nutt(1986)指出，「為什麼變革」問題對組織成員而言顯得相當重要，在組織進行重大變革時，如果員工覺得這種變革是合理的，他們更有可能接受這種變革。Niehoff、Enz、與 Grover (1990)認為，對於變革後的未來願景，意即「我們正努力成為什麼？」的溝通，必須明確且能產生激勵效應，並且必須回答另一最重要的問題：「變革對成員的效益為何？」共同願景的溝通是制定組織變革承諾的重要因素。溝通必須從變革的最初階段開始，一直持續到最後，不然，組織變革將處於危險之中。

溝通失敗將導致變革失敗。Speculand (2005)指出，研究人員針對 Bridges Business Consultancy 的執行長在組織執行政府機構、能源與公用事業的五年

研究（2000 年至 2005 年）的新策略發現，東南亞和北美地區 90%的策略措施都沒能成功實施，在受試的 150 位經理中，97%的人同意「執行失敗」，原因在於執行不力，而非策略問題。其中所提出執行不利的 10 大理由中，最主要的兩個原因與溝通有關：一、獲得支持與行動，二、變革的傳達與溝通；另外，研究亦發現，向員工傳達變革策略最常見的方式是通過電子郵件（25%），然後是簡報和通訊，且大多數的溝通都是前置的，剛開始安排許多訊息和活動，但隨著時間的推移變得越來越少。這項研究的另一個有趣發現是，組織內部變革的最大阻力來自中層管理人員(54%)，其次是執行員工為 23%，再來是高層管理人員(13%)。

　　由上述研究發現可知，組織進行變革，最重要的是變革領導者必須了解組織成員的多樣性，有一系列的溝通策略，使用適當的溝通工具（而不只仰賴電子郵件），須確保中層管理人員支持變革，並堅持溝通工作直到變革成功。相對的，組織創導變革但不實施溝通將可能導致以下結果，首先，組織成員開始編造自己的訊息，逐步挑戰組織變革設定的目標並批評變革過程，他們想像可能發生的最壞情況，然後開始相信他們自己誇大的假設，對組織領導者不信任，可能導致組織變革難以實踐。因此，為避免此種情況發生，領導者必須儘早、經常和直接地進行溝通，直到變革計劃結束。

　　組織實踐和組織變革是組織永續發展行動策略的關鍵問題（Millar, Hind & Magala, 2012），而變革過程的溝通影響組織變革成敗甚鉅，以下就組織溝通的相關理念與論述介紹如下。

一、組織溝通

（一）溝通

　　Samovar（1996）指出，不論何時何地，人們只要有互動，就會有溝通的存在。Eroğluer（2011）亦指出，溝通的概念有 4560 種不同的用法。Guthrie 與 Reed（1991）認為，溝通是經由語言和行為將一個人的觀念、思想、意見資訊和感受傳達給他人的歷程。Robbins（1991）聲稱，溝通是訊息意義的傳達與瞭解的過程。組織中的溝通代表了一個複雜的信息、命令、願望和參考流程系統，由兩個部分互補的系統組成：正式的溝通網絡和非正式的溝通網絡。正式溝通是一個事先計劃好的溝通方式，透過口頭和書面形式的訊息傳遞的正式過程，並可根據組織的需要進行調整；非正式溝通則不遵循事先確定的路線，屬於組織內特定群體之間的溝通（Fox, 2001）。溝通是個人或組織想轉換他人心智時所從事的所有活動。這是個人或個人與組織之間的意義橋樑，包含表達、傾聽和理解的過程（Banerji & Dayal, 2005）。溝通是參與社會生活或組織結構的交流，目的在群體和組織之間建立良好的關係（Doğan, 2005）。蔡金田、董德佑（2017）則認為，溝通是人與人之間透過各種媒介將訊息、意見、觀念或情感有目的性及互動性地傳遞，以建立共識、協調行動，甚至滿足需求，進而達成目標的連續動態歷程。

　　由上可知溝通的多元論述，從不同觀點的分析影響其定義。根據 Oliver（1997）的觀點，溝通是通過兩個或更多人之間的文字、字母和符號來交換思想、情感和意見。然而，符號不確定是否能真正轉移，因涉及傳輸的訊息以及工具（Kalla, 2005;Baltaş & Baltaş, 2002）。

　　Berlo（1960）將溝通的過程分成七個部份：溝通來源、編碼、訊息、管道、解碼、接收者、回饋。Simon（1976）溝通是組織中的一分子，將自己的

意思傳達給另一份子的過程。Smith、Watson 與 Kefalas（1980）等人認為溝通模式的過程組成部份也有七個：來源、訊息、管道、收訊者、回饋、環境、噪音。Baron（1983）認為，溝通是從傳訊者傳送訊息到收訊者的歷程，此種歷程可發生在人與人，組織內，或組織間。

　　Paul（1990）提出五個溝通的定理：1.任何一種行為都是溝通，即使是不發一語或是沒有做出任何動作，如文字、說話快慢、聲調高低、肢體動做等所有舉動都是溝通的工具。2.每種溝通都包含內容層面及關係層面。內容層面是指訊息、數據、事實等；而關係層面指的是訊息傳送者及訊息接收者之間的關係。3.人類之間的溝通是沒有真正的起點及終點，因為溝通是一連串的循環過程。在溝通過程中，每位參與者的行為，既是反應也是刺激。4.人類利用數位及類比兩種方式溝通。前者是指語言性的，此種溝通方式擁有較複雜、充滿邏輯性的句法，溝通著重訊息的傳遞，除了人與人間的訊息傳遞外，也包括隔代之間的傳遞；後者相對地，則是非語言的，這種溝通較具有內在涵義，其溝通的基礎是建立於大家對某種肢體語言的認同，但是這種溝通容易出現問題，例如微笑可以是友善的象徵，也可能是笑裏藏刀的展現。5.溝通者間關係平等與否，會影響人類在溝通的過程中出現對稱或是互補的情況出現。溝通者之間的關係若是平等的，其溝通過程是會呈現對稱的情況，雙方溝通力求平等及減少雙方之間的差異處；若其關係不一致時，則會出現互補的情形。

　　近年來常被提及的策略溝通在理論、研究和實踐已被廣泛的運用，是組織為實現其使命、價值觀、長期目標和管理所運用的戰略重點。Self(2015) 提到，組織溝通是一種策略性和目標導向的活動，在實現組織與顧客的目標；Hallahan、Holtzhausen、van Ruler 、Vercic 與 Sriramesh（2007）指出，策略溝通的重點是組織如何跨部門或跨組織進行溝通，重點在協助組織推動與實現其使命。策略溝通著重於組織如何通過其領導者、員工和外在組織的有意識活動來展示和提升自己。Cheney、Christensen、Conrad 與 Lair（2004）亦指出，組織訊息和話語具有戰略功能，組織應該就其訊息的類型和相關人員

做出戰略決策。Hallahan、Holtzhausen、van Ruler、Vercic 與 Sriramesh (2007) 將策略溝通定義為組織使用溝通來實現其使命；oltzhausen 與 Zerfass（2015）認為，策略溝通是一個溝通過程，遵循組織的策略計劃，溝通的重點在實現組織的戰略目標與目的；Johnston 與 Everett（2015）將策略溝通定義為，組織用來應對環境不確定性的中心配備，管理階層必須監控和解釋環境條件，然後對環境做出適當的回應；Ihlen 與 Verhoeven（2015）提到，策略溝通可以被視為一種不同的溝通行為時，從符號、人際和社會傳播，到系統理論中的非個人傳播的功能；而 Murphy（2015）則認為，策略溝通人員在公眾輿論的問題領域中應該持續扮演塑造訊息和參與的角色。

溝通是一個重要的組織過程，有效的溝通有助於組織的利益，策略性組織溝通在溝通研究領域發揮著重要作用。組織在溝通中面臨的挑戰需要擁有更有效和巧妙的組織溝通方法和戰略，熟練的策略性組織溝通和承諾，有助於供組織在其溝通政策和戰略中發揮積極有效的成果。

（二）溝通的角色與責任

變革領導者往往沒有意識到在變革期間有效溝通的重要性，其原因可能因為執行變革的迫切性，礙於時間的限制而忽略了溝通，讓變革陷入困境。溝通須有專業知識、溝通團隊、專業人員，如果組織內部缺乏這些條件，可考慮外部諮詢顧問提供協助；再者，若前開兩種方式皆無法實施，組織應建構良好溝通模式與成員溝通，充分獲得成員的意見並予以回饋。

組織負責變革計劃溝通的人員應該規劃正式的訊息，以及進行溝通的時間，變革領導者應該有機會提供意見並授權傳遞訊息。值得注意的是，通常變革領導者非常忙碌，但不要因為忙碌而延遲溝通，因為溝通的即時性對於組織變革至關重要。

（三）組織溝通的意涵

Kreps（1990）將組織溝通定義為，組織成員蒐集有關組織及其內部變革相關訊息的過程；組織溝通也是組織向員工以及員工彼此傳遞有關組織工作的訊息（Phattanacheewapul & Ussahawanitchakit, 2008; Chen et al., 2005）。Torp（2015）認為，組織溝通為組織所說和所做的一切，以及受組織存在和活動影響的每個人；Mumby（2012）將組織溝通定義為，針對組織目標與成就，透過象徵性(如符號、訊息等)的實踐來進行集體創新和協商的系統過程；Self(2015,)主張，組織溝通被視為一種策略和目標導向的活動，經由資源的管理來實現組織的目標和結果，組織溝通被視為對話，經由公共領域的對話與討論建立關係、理解和真誠的互動。一般而言，組織溝通有兩個目標，主要目標是向員工介紹他們的任務和組織的政策（De Ridder, 2003; Francis, 1989），第二個目標是，在組織內構建一個社群（Francis, 1989; Postmes et al., 2001; De Ridder, 2003）；組織溝通傳統上採用內部/外部和正式/非正式溝通之間的分界線作為其定義（Johansson & Simonsson 2005）；Johansson(2007)認為，組織溝通包括內部、外部、非正式和正式溝通，涉及從個人到大眾媒介的溝通。

Koschmann(2012)提及，傳統的組織溝通側重於組織內的溝通。這種觀點將組織視為容器，溝通是在容器內流動，如果將此比喻再往外延伸，便可以了解溝通是如何通過組織結構塑造的，就像液體依循其物理容器的形狀一樣，通過集裝箱的「形狀」便成組織的物理形狀，又如搭乘電梯上樓跟主管提出報告一般，你在組織中的層次結構以及如何影響你與其他組織成員的溝通方式。但溝通不只是發生在組織內，亦是多人活動和詮釋的集合體，匯聚成一個有組織的、可識別的形式，並維持或改變這種形式，以便隨後採取集體行動。組織溝通創造了基本的社會進程和維持社會所主導的結構。

Şeitan1(2017)認為，組織溝通側重於建立內部和外部關係，發送和接收訊息以實現共同目標，如通過口頭和書面訊息交換。

　　Mumby（2012）將組織所進行的溝通歸類整合為五種類型的話語：代表話語(discourse of representation)為功能主義(functionalism)之論述；理解話語(discourse of understanding)為詮釋主義（interpretivism）之論述；懷疑話語(discourse of suspicion)為批判主義（critical theory）之論述；以及脆弱性話語(discourse of vulnerability)為後現代主義(postmodernism）之論述；賦權話語(discourse of empowerment)為女權主義(feminism）之論述，這是組織溝通的五個視角。在組織溝通中，過去的研究主要是話語表徵或功能主義，包括管道模式和信息傳遞溝通模式。組織被視為一種獨立於成員行為的目標導向結構，研究目標包括預測和控制，歸類知識論述，建立因果關係。在理解的話語中，溝通被視為意義系統對話的創造模式，研究目標包括發展文化描述以及洞察和理解。在批判性話語或懷疑話語中，溝通模式被視為由權力關係所形成的意識形態以及意義系統的創造，研究興趣包括對不公平權力體系的批判和對不公平組織結構的解放。在脆弱性/後現代主義的話語中，溝通模式被視為一種不穩定和變化的意義系統，研究目標是解構和破壞世界共同觀點，拒絕宏觀敘事和促進微觀敘事。

　　Elving 與 Hansma（2008）在組織變革期間對管理階層和員工進行的訪談研究發現，組織變革的傳播和調整的成功，主要取決於各級管理人員的溝通和訊息傳遞的技術。儘管領導者似乎意識到組織內部的快速變革（Bolden & Gosling, 2006），但傳達這種變革很困難（Lewis, 2000）。 Bennebroek-Gravenhorst 等人（2006）發現，組織訊息的溝通與傳遞，對於組織變革需求以及組織目標的修正至關重要。

二、制定溝通準則以及想達成的目標

　　變革溝通應側重於解決員工的問題，並提供人性化的接觸(Husain, 2013)。良好的溝通應設定目標，在相關文獻中，溝通內容的目的不外傳播願景

(Husain, 2013)、減少不確定性（Klein, 1996）、獲得員工承諾（Kotter, 1995）、尋求員工對變革內容和過程的投入來吸引員工改變（Kitchen & Daly, 2002）、克服變革的障礙（Carnall, 1997）、以及挑戰現狀（Balogun & Hope, 2003）。變更管理期間進行溝通的目標大多如下(Husain, 2013)：

（一）解決員工的問題：溝通必須涉及員工的訊息、變更管理與員工的動機（Dolphin, 2005）。良好的溝通意味著組織中的每個人都了解變革的需要，變革的內容以及它們將如何影響每個人的工作。

（二）建立社群精神：組織溝通被認為是自我分類過程的重要前提，有助於產生符合組織要求的社群精神（De Ridder, 2003; Postmes et al., 2001; Meyer & Allen, 1997），以及在組織內創建社群的溝通，例如員工對組織的高度承諾與信任（Elving, 2005）。

（三）建立信任：信任會產生特別的影響（Dirks & Ferrin, 2001），例如更積極的態度、更高的合作意願和更高的績效（Jones & George, 1998; Mayer et al., 1995）。Cheney（1999）認為，工作場所的價值觀可以藉由溝通角色來評估。Chia（2005）主張，「信任和承諾是過程和政策的副產品」，旨在使雙方達到滿意的關係，例如公開、適當、明確和及時的溝通。信任可以通過有效的溝通來傳達（Mishra & Mishra, 1994）。由上可知，組織內部的溝通實踐將對員工信任組織管理階層以及他們對組織的承諾的程度產生重要影響。

（四）激勵員工：動機是驅動人們從事行為的動力，它是能量、方向和永續性的組合體（Kroth, 2007）。溝通是激勵員工參與變革的有效工具（Luecke, 2003）。組織提供充分的訊息有助於提高員工的工作滿意度並產生激勵員工的作用，Carlisle 與 Murphy（1996）認為有效溝通能激勵並解決員工的疑問。

（五）員工承諾：研究發現，承諾與員工的聲音和爭議的議題有關，溝通能讓員工自由發表關注的議題，員工的效能和承諾取決於他們的知識和對組織策略問題的理解（Tucker et al., 1996）。溝通需要妥善管理，以便在變革過程中的任何時候通過使用各種具有高覆蓋率和影響力的媒體，透過清晰、準確和誠實的訊息來避免混淆（Abraham et al., 1999）。致力於實現願景的人比

認真思考的策略更重要，因為他們成功地加速了變革過程（Larwood et al., 1995）。

(六)員工參與：Parker 等人（1997）研究指出，員工參與與更高的工作滿意度和更好的個人福祉有關，當員工有機會為組織決策提供意見時，他們往往會有更高的工作滿意度(Konovsky & Folger, 1987; Lind & Tyler, 1988)。 Hyo-Sook（2003）指出，卓越的組織能開放管理結構，授權員工參與決策。Heller 等人（1988）研究亦發現，低階員工參與決策對決策過程的效率產生了積極影響，參與決策過程的員工對組織的滿意度和承諾程度更高。越來越多的研究指出，員工參與對變革實施（Sims, 2002）和生產力（Huselid, 1995）有積極影響，具體而言，放棄控制並允許員工做出決策會產生建設性的結果（Risher, 2003）。

(七) 減少不確定性：訊息不僅是影響結果的先決條件（Terry & Jimmieson,1999），而且關於變革動機的知識也有助於減少不確定性，並為變革做好準備。有效的變革溝通可以被視為管理不確定性的一種方式（DiFonzo & Bordia, 1998）。員工在變革過程中的不確定性將對員工或員工所處的工作環境產生影響，例如變革後工作仍否存在？變革後是否擁有相同的同事？是否可以按照以前的方式執行任務？不確定感是變革的過程，它是變革對個人和社會產生的結果。

(八) 工作安全：Sverke 等人（2002）認為，工作缺乏安全性的員工往往會降低工作滿意度，減少組織承諾。Armstrong-Stassen（1998）研究發現，那些在裁編人員後留下來的員工往往認為他們的工作不再提供安全保障。Elst 等人（2010）研究指出，組織溝通和參與對工作不安全呈現負相關，組織可採取措施，經由提供準確的信息和加強溝通，來防止工作不安全的最大負面影響（Hartley et al., 1991; Heaney et al., 1994; Kets de Vries & Balazs, 1997）。

(九) 提供回饋：適當的溝通為員工在變革期間提供回饋和強化，使他們能夠做出更好的決策，並為變革的利弊做好準備(Husain, 2013)。

　　溝通需要具體說明相關訊息以及欲達成的目標給利害關係者，如希望他們獲得的知識或以何種方式來詮釋變革？組織希望他們將來採取的行動？以變革欲達成的目標為基礎，避免溝通訊息過度分散，無法聚焦。有效的溝通計劃應該包含溝通的一些基本指導原則或規範，Carol 與 Beatty(2015)提出了以下原則：1. 每個溝通計劃包含多個溝通管道或媒介。2.訊息能被公開分享。3.坐而言並且起而行，領導者是實踐的領頭羊。

　　此外建立及時(快速)溝通的原則亦是重要準則之一。領導者常因不知道變革所有細節而無法及時與成員溝通變革。但實際上，等到領導者知道所有的細節在與成員進行變革溝通時，員工可能會認為領導者有所隱瞞，而且是對員工不利的事情。另一個無法即時溝通的理由是訊息是保密的。但實務現場隨時可見，組織很多訊息可能在官方公告發布之前，就已洩露。洩露的訊息會在整個組織中傳播，並且可能被誇大而無法認同，形成組織變革的抗拒，影響組織變革的進程。因此，及時與快速的溝通有其實務運用上的重要性。

三、對變革利害關係者的認知

　　有效的溝通部分取決於了解誰是利害關係者，以及如何將他們納入溝通計劃。Woodward 與 Hendry (2004)指出，組織不應該忽略溝通，而是應該投入更多雙向溝通。謝文全（2012）依不同的分類標準分成不同的溝通類型，其中如依溝通流向分類：可分為上行溝通、下行溝通、平行溝通和斜行溝通四種溝通類型；吳清山（2014）認為組織溝通有時可透過正式結構來溝通，有時則以非正式管道進行。基於以上論述，Carol 與 Beatty(2015)建議採用結構化方法，包括以下幾個步驟：(一)確定組織變革所需要溝通的利害關係者，進行有關變革的相關利益者建立關係。(二)繪製每個利益關係人的影響程度和影響力。(三)確定他們對變革措施感興趣的事務。(四)決定每個利益關係人將採取的溝通和參與方法。茲分別說明如下：

（一）確定利害關係人

利害關係人分析的首要任務是確定組織變革的主要利害關係人是誰。換句話說，誰將受到組織變革最大和最小的影響？這些利害關係人可能包括：高級領導團體、高級管理人員、管理團隊、經理、主管、特定部門或一般部門、員工、工會或工會官員、客戶、供應商、競爭對手、合作夥伴組織、社區合作夥伴以及監管機構等。

（二）利害關係人地圖

第二項任務是根據影響程度將這些利害關係人分組，並據以量身訂製溝通和參與方法，如圖 15 所建構利害關係人地圖。

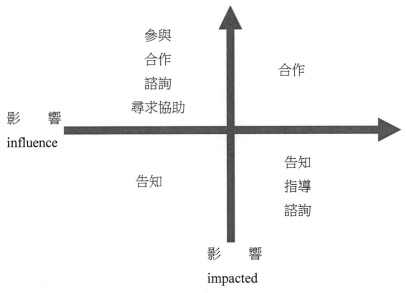

圖 15 利害關係人地圖

　　編製利害關係人地圖是一個非常密集的過程，可以寫下每個利害關係人的名字，然後透過討論將該利害關係人放在地圖上的位置，安置的第一個決定標準是影響程度，亦即，擬議的變革項目將對每個利害關係人的日常工作生活產生多大影響？然後討論影響程度。另外，組織應該衡量每個利害關係人對變革產生多大影響？他們應該有何貢獻？是否應對某些決定擁有否決權？在對利害關係人進行分組後，組織便可決定針對不同利害關係人進行不同的溝通方法。

（三）利害關係人的問題

　　利害關係人分析的第三個任務是找出每個利害關係人的問題可能是什麼，這有助於組織在與他們溝通時解決他們的顧慮。這些疑問可透過不同方式進行了解，其中網路、電話和郵件調查是發現問題的最有效方法，尤其牽涉到相當多的利害關係人時；此外與利害關係人代表的焦點座談有助於發現

利害關係人對變革意見的更深入問題；訪談雖然有效但較耗時，較適用於高度有影響力的利害關係人。溝通是一個反覆的過程，不是一次性行動。Nutt (2002) 指出，變革決策中有一半都是失敗，因為決策者沒有充分考慮利害關係人持有的利益和訊息。

（四）為利害關係人量身訂製溝通模式

第四個也是最後一個任務是設計解決每個利益相關者問題的溝通方式。單一溝通方式無法適用於所有人，在組織重組計劃中，某些部門可能比其他部門受到的影響更大，受影響較大的群體將需要更多的訊息和詳細資訊，以了解他們的工作將有何改變？資格是否會發生變化？是否會重新安置職務？相對的，受影響較小的部門可能不會對此感到興趣。每個利益相關群體都是獨一無二的，因此，應根據每個群體的特性量身訂製溝通方式。

四、如何創建利害關係人需要的有效訊息

有意義的溝通為各級組織員工提供訊息和教育，並激勵他們支持組織策略（Barrett, 2002）。因為員工積極的變革態度對於成功的變革計劃至關重要（Kotte, 1996），員工對變革的抗拒是需要克服的最大障礙之一。Van Vuuren 與 Elving（2008）指出，有意義的溝通需要員工認知「組織重新定位」，亦即理解組織所倡導的變革。

組織倡議變革，透過溝通來試圖說服利害關係人採納對未來的新觀點，並幫助他們實現這一新的信念，必須完全掌控三件事情，首先，回答「為什麼要變革？」和「為什麼是現在要進行變革」的問題，進行變革令人信服的理由是什麼？為什麼不能日後再進行變革？ 第二，未來的願景，或「我們正在努力成為什麼？」這些問題的答案必須明確、激勵和解決最重要的問題：

「它對組織成員有什麼利益？」；第三，必須清楚界定變革計劃如何使組織達成目的？

　　良好的變革溝通還可以經由解釋變革的內容以及組織如何採取行動來減少變革的缺點與成員的焦慮，為了激發成員的信念和信心，變革溝通必須從一開始就需嚴格的執行。溝通往往在很大程度上訴諸於理性，但情感訴求可能與理性訴求一樣甚至更有效，例如社會相關的情感因素（如經濟因素）、客戶（增加簡單性，靈活性，更少錯誤，更具競爭力的價格）、組織（費用增長更快）、工作團隊（更少的重複、更多的授權、更多的問責制、更快的速度）和個人（更大、更有吸引力的工作創新機會）。

　　Johnson (1994)所倡導的變革溝通框架(Change Communications Grid)可作為變革溝通的重要參考，如圖 16。

現狀的優點
1.什麼是相同的？
規則，流程，程序，慣例等
2.什麼工作？
3.構建哪些關鍵優勢和最佳實踐？
4.我們已經做了什麼，這將有助於我們實施變革？

變革的優勢
1.未來願景是什麼？
2.對組織和成員有何益處？
3.如何實現願景？

現狀

變革

現狀的缺點
1.為什麼我們需要改變？
2.為什麼現在？

變革的缺點
1.利益相關團體可能遇到的損失，困難，擔憂和問題是什麼？
2.有什麼方法可以抵消這些缺點？
3.人們將如何參與解決這些不利因素？

圖 16 變革溝通框架

由圖 16 可知，當變革領導者傳達變革訊息時，會討論現狀的缺點和變革的優勢，但組織成員考量的是變革的缺失和現狀的優勢。在組織成員未能清楚了解並針對他們的問題獲得回應，並且體認到不是所有事情都會改變之前，

他們傾向不接受變革。因此，一個完整的變革訊息方能處理這兩個群體的問題。

一般而言，組織進行變革所面對的第一個問題是：我們為什麼要做出這種改變？為什麼是現在？這種改變將如何改善事務？現狀有什麼問題？倡導變革似乎是對現狀的批評，因此變革領導者必須仔細地說出變革訊息，而不是歸咎於人、現在或過去。接續，組織成員需要全面了解組織變革想要實現的目標，換言之，變革的未來願景是什麼？變革在改變什麼？實踐變革後的狀況是什麼？目標是什麼？這種變革將如何推動組織向前發展？在這些問題中，變革領導者務必從利益相關者的角度去思考進而提出解答。

完成上述議題，接踵而來的是組織成員想知道你將如何完成變革？有無變革計劃或路線圖？誰在領導變革？他們在變革的角色是什麼？對他們的期望是甚麼？當然，他們還需要領導者了解他們的顧慮並如何解決這些問題。以上都是溝通訊息的關鍵部分，領導者必須深刻有所認識。最後，成員傾向於認為變革將比實際更大、更具破壞性。因此，領導者必須告訴組織成員，他們所知道和喜愛的一切都不會改變，透過組織和文化的溝通來支持未來的願景，盡可能地保持現狀，發揮最好的作用。

Elving（2005）亦提出了一個概念框架，用於研究經歷變革的組織溝通。Elving 制定了六個論點，這些論點對組織變革的準備有所影響，框架中的準備程度能有效反應變革的成功程度。首先，對變革的低度抗拒或對變革的高度準備是有效組織變革的指標；其次，溝通需要告知組織成員變革以及變革將如何改變個人的工作；第三、溝通應該致力於創建組織的社群，這個社群將增加對組織和管理的承諾、信任和認同；第四、考慮存在的不確定性，因為高度不確定性將對變革的準備狀態產生負面影響；第五、致力於減低員工工作職位和工作不安全感的影響，避免影響到變革的準備狀態；第六與第四和第五個論點有關，亦即溝通將對不確定感和工作不安全感產生影響。此外Klein（1996）認為，溝通策略應與變革過程的每一階段的相關訊息相吻合。Klein 認為，需要傳達的第一件事是變革的需要，並指出預期結果與實際結果

之間的差異。如果變革是組織範圍內的改變，則首要消息應來自組織的最高
管理階層，在這個階段，面對面交流很重要（Klein, 1996）。

五、善用溝通的最佳媒介

在溝通訊息的傳遞有許多管道和機制可供選擇，包括面對面會議、書面、
電子通信、社交媒體等，每種媒介都有優點和缺點。變革領導者應根據人員、
群組規模和位置、消息複雜性、消息頻率以及變革過程中的階段選擇最佳的
溝通機制。通常人們會以不同的方式接收信息，因此以不同的方式傳達相同
的信息將可獲得最大的回響。此外，非正式溝通或社交網絡也相當重要，例
如在變革期間聯繫關係密切的個人、小組、親密的同事和朋友(Kitchen & Daly,
2002)。為確保變革成功，考慮使用各種媒介來傳遞訊息，持續保持溝通工作，
將有助於組織變革的效益。

在各種溝通媒介中，近年來興起的即時通訊軟體，已成為人與人、人與
組織、組織與組織等溝通的重要媒介，例如，財團法人資訊工業策進會產業
情報研究所進行「行動 App 消費者調查分析」發現，每天使用的 App 類型，
以「社交通訊類（80.9%）」最高，其次為「行動遊戲類（35.3%）」、生活服務
和資訊類（31.8%）、影音媒體（30.1%）」。每天開啟次數最多的 App，前五名
依序為「LINE、Facebook、YouTube、WeChat、Instagram」等通訊、社交類 App，
顯示台灣的手機使用戶對社交通訊 App 黏著度極高，透過 LINE、Facebook 等
進行社交活動已經成為生活常態（財團法人資訊工業策進會，2016）。另外，
根據《商業周刊》與 EOLembrain 東方快線網絡市調合作，調查包含排名百大
企業的主管與部屬在職場使用 Line 的情形，近 5 成的企業主管回應，Line
已成為他們聯絡公事的 工具（商業週刊，2014）。因此組織溝通使用行動即
時通訊軟體已是必然趨勢。

六、與利害關係團體進行有效的溝通

　　溝通計劃的一部分是決定誰應該負責與每個利害關係團體進行溝通。溝通需要傳遞可信賴的訊息，方能確保溝通的有效性。而訊息的內容必須讓成員了解他們能做什麼？不能說什麼？必要時可根據需要提供材料、細節、資源和工具作為談話要點來加以指導。

　　雖然組織的高階領導者應該全面了解情況，但視導人員也可以發揮更重要的溝通作用。一些研究（Holt et al.,2003; Larkin & Larkin, 1996）指出，與高階管理人員相比，管理者和視導人員在員工對組織轉型所做出的反應上有更大的影響。正如 Larkin 與 Larkin 所提及，變革的訊息成會與他們最親密的人員、主管溝通，但視導人員通常沒有充分了解情況，因此無法在變革中環境扮演積極的角色。因此，視導人員面對員工所提及的問題並尋求答案時，例如「這與我有什麼關係？」、「它如何影響我的工作？」、「我為什麼要關心？」等，為確保視導人員有效傳遞訊息並回答問題，以建立和員工的信任和承諾，視導人員需要資源、信息、工具和培訓來達成上述目標。Alström 與 Sjöblom-Nordgren（1999）就(一)以領導為中心的戰略，以自上而下的單向溝通為特徵，(二)以同事為導向的戰略，同事們自己確定溝通需求，(三)時間戰略，時間分配給溝通的時間和(四)控制組，沒有實現溝通活動等四種策略進行研究發現，不同的策略導致同事的動機和參與存在顯著差異，其中以同事為導向的溝通策略最有效。

七、評估和改進溝通的有效性

有效的溝通有助於組織強化員工以實現組織目標（Hindi et al, 2004）。溝通提供了共享組織價值觀和員工之間的信任（Demirel, 2009）。在整個變革計劃中重新審視溝通計劃，以取得溝通是否達成預期效果是相當重要的過程，因此，及時的溝通回饋是不可或缺的，若等到變革計劃結束，將為時已晚。獲取溝通回饋的方式包括透過焦點團體、調查和通信聯絡人的回饋來改進溝通計劃。遺憾的是，管理層往往不知道真正需要傳達的關鍵訊息是什麼?以致於無法實現組織的目標 (Sinickas, 2009)。因此，隨時檢測溝通訊息、溝通管道、溝通回饋等是組織進行變革的重要關鍵因素。

溝通所起的作用對於成功的變革管理至關重要。員工是實現組織變革的關鍵來源，為了鼓勵員工進行理想的變革，組織必須解決與他們相關的疑慮和問題，減少工作不安全感，並建立社群意識，以便員工感受到自己的責任，變革的需要及其優勢將激勵員工參與變革計劃並執行變革計劃。

第九章　組織變革模式

　　最廣為人知的組織變革類型是社會科技系統理論（social-technical）、全面品質管理（total quality management)和目標管理（management objectives)等（George & Jones, 2002; Yang, Zhou & Yu, 2009)；George 與 Jones（2002)提出，組織變革有三種型態，亦即再造（reengineering)重構（restructuring)與創新（innovation)。Morgan（1980）基於 Morgan 的組織隱喻，開發一種系統的、整全性的變革管理模式，他綜合了「激進的人文主義批評的元素」，來顯示組織理論的學科已經被這個隱喻所桎梏。後來，由於該理論更加精煉，人們逐步認識到隱喻在科學和社會思想發展中所產生的作用，同時也體現了它們對社會學的影響（Morgan, 1997)。Morgan 描述了四種組織隱喻(組織作為一個政治體系、組織作為有機體、組織是機器、組織即轉型系統)，以便理解和解釋組織如何在相互關聯的世界中運作。隱喻能延伸我們的思維並深化我們的理解，從而允許以新的方式看待事物並以新的方式行事；隱喻也可能產生扭曲，在任何能夠創造有價值見解的組織和管理研究中，其所主張的理論或觀點可能是不完整的、有偏見的，並且可能具有誤導性。

　　組織在突破現狀的變革過程中，或多或少會遭遇組織內、外部團體或個人的反對，尤其當其既得利益受到影響或必須改變現有安定狀態之際，難免會產生恐懼、焦慮、害怕及不安的現象，進而形成一股巨大的力量，抗拒變革方案的推動（廖春文，2004），因此，任何組織變革，或多或少都會帶來抗拒與阻礙，因此組織的變革模式更顯重要。除上述 Morgan 的組織隱喻之主張外，近幾個世紀以來，組織心理學家一直透過人力結構的變革來研究和開發各種模式，茲分別介紹如下：

一、Lewin 變革管理模式

　　Lewin(1947)提出的變革管理模式((Lewin's Change Management Model))認為，組織變革涵蓋組織的所有脈絡，無論規模，行業、年齡和新的視野等。為了解釋組織變化，Lewin 使用了類似於下圖的改變冰塊形狀的類比，如圖17。

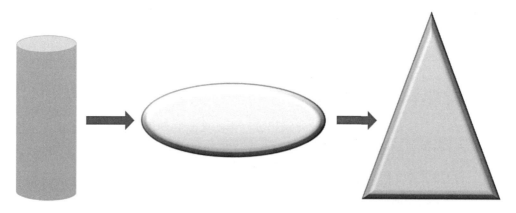

圖 17 Lewin 變革管理模式

　　Lewin 認為組織進行變革的最佳方式，首先，解凍階段(unfreeze stage)或準備組織接受變革。此步驟涉及組織在提出新的運營方式之前打破現有的運營方式。與原冰模式相比，這涉及融冰以準備改變形狀。

　　在解凍階段之後，必須經歷改變(Change)，形塑成組織所要的新形狀。換句話說，組織成員進入「解決他們的不確定性並尋找新的做事方式」的新視野（Evison）。員工和管理階層將開始相信新方向將使他們以及組織受益。在這個階段，管理者必須清楚地傳達改變的原因以及為實現這一目標必須採取的步驟。同樣重要的是要意識到每個人都需要花費自己的時間來掌握變化。

Lewin 模式的最後階段是再結凍階段(refreeze stage)，冰必須凝固成新的形狀。換言之，在重新冷凍階段，組織必須專注於變革後組織的穩定性。組織成員應該對組織內部的變化感到滿意，甚至接受它們作為新的規範。意即重新啟動階段包括將變革鞏固到一個新的水平和通過支持機制、政策、結構和組織規範加強，讓組織成員充分理解組織變革的三個階段。

二、Burke-Litwin 模式

Burke-Litwin(1992)主要考量組織變項的特定因果關係、組織的交易和組織動態轉型之間的明確區別(如圖 18)。組織氣氛是交易因素的一個例子，對組織容易產生影響（Schneider et al., 1996）。另一方面，變革過程中組織文化的改變相形困難，影響組織長期的表現（Burke, 1994）。

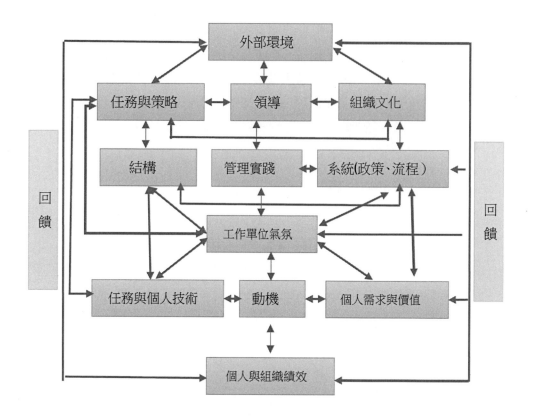

圖 18 Burke-Litwin 模式

圖 18 歸結 Burke-Litwin 模式。根據 Katz 與 Kahn（1978）提出的系統方法的原則，該模式考慮了組織的外部環境的存在與變動，從中獲得了個人和組織績效。在某種程度上，模式最終回到了環境，因為它包含一個回饋環路，將環境輸出和系統中的輸入聯繫起來。環境因素和機構績效之間的因素，它們提供有關組織運作機制的具體訊息。Burke-Litwin 模式的前提與以下幾個方面有關：干預組織發展（OD）、管理風格和實踐、以及政策和程序導致變革的發生或過渡；對組織的使命，戰略和組織文化的干預導致第二階段的變革或轉型變革。Burke-Litwin 模式奠基於對相互關聯的 12 個組織層面的分析。

三、Kotter　八階段變革模式

Kotters(1995)八階段變革模式，包括創造緊迫感(create urgency)、形成強大的聯盟(form a powerful coalition)、創造變革願景(create a vision for change)、溝通願景(communicate the vision)、賦予行動(empower action)、創造快速成功(create quick wins)、建立變革(build on the change)並鞏固企業文化的變革(anchor the changes in corporate culture)。這些步驟提供了組織變革的指南，組織領導者如何簡單地將訊息傳達組織成員促使其改變行為，以及如何經由組織的變革來改變組織和領導者變革管理的模式。Kotter 進一步說明此八階段變革模式，如圖 19：

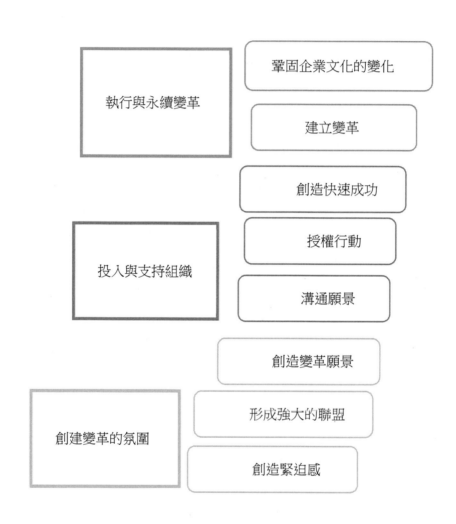

圖 19 Kotter 八階段變革模式

Kotter 認為組織要進行成功的變革，應該按照上述八個階段逐步施行：

首先，創造緊迫感，這是最基本、最重要的一個步驟，為了使變革取得成功，75%的組織管理層需要引入「變革」，建立新視野。創造緊迫感可由檢查市場和競爭現實、識別和討論危機、潛在危機或重大機遇、或從組織外部提供有必要進行變革的證據；

第二階段，則需形成一個強大的聯盟，包括將合適的人員聚集在一起，帶領組織走向變革，並繼續為變革創造緊迫感；

第三階段是創造變革願景，管理層應確定變革的核心價值觀，制定願景，指導變革事務，制定實現願景的策略；

第四階段，溝通願景的全部意義在於「利用每一種可能的方式來傳達新的願景和戰略」，在此步驟中傳授新行為樣式是相當重要的；

第五階段是授權的行動。此階段重點是消除所有因變革可能產生的障礙和改變違和新願景的工作系統。在這個階段，組織可經由激勵員工、個人故事或獎勵各種員工的成就來建立變革的樂觀取向；

第六階段旨在建立變革的成功，為達成此目標，組織需創造短期獲勝策略，計劃並實現明顯的績效改進，認可並獎勵那些將改進帶入生活的同仁。Kotter 認為，「許多改變項目都失敗了，乃導因於勝利被提前宣布」；

第七階段是建立變革，此階段的重要措施在於分析哪些是正確的？哪些是需要改進的？並繼續根據組織的發展新視野制定目標。此階段強調建立在已經發生但未解決的變革上，實現更多的改進是可以達成的。

第八階段則在鞏固企業文化的改變，進行變革的定錨，強化組織變革與成功的連結。

四、McKinsey 7-S 模式

　　McKinsey 的 7-S 模式與上述兩個模式的不同處在於，它強化協調的角色而非組織效率的結構，Tom Peters 與 Robert Waterman 在 20 世紀 70 年代後期創造了這個模式。他們與 Mckinsey 模式的目標是展示組織中七個不同元素的連結，以實現工作場所的效能。該模式的七個關鍵領域包括：結構、策略、技能、員工、風格、系統和共同的價值觀(Ravanfar, 2015)，說明如下：

（一）策略(strategy)：在界定組織實現目標的關鍵方法；

（二）結構(structure)：將組織內部的資源有效的挹注到組織不同的團體；

（三）風格(style)：組織在員工和其他利益關係人之間的領導和互動的文化；

（四）員工(stall)：員工類型、薪酬方案以及如何吸引和留住這些員工；

（五）技能(skills)：完成不同活動的能力；

（六）系統(system)：作業流程和用於支持運作的技術平台；

（七）共享價值觀(shared values)：總結願景和任務，強調協調的重要角色，而不是組織效能的結構。

　　為了更清楚的釐清七個元素如何連結以提供組織效能，Peters 和 Waterman 創建了以下框架，如圖 20：

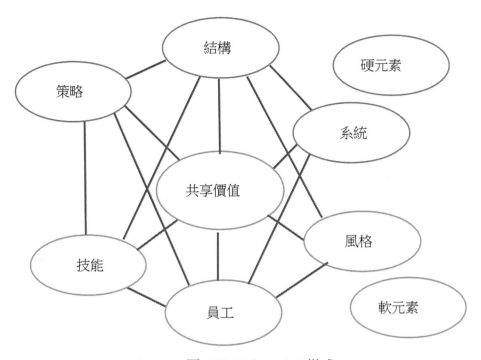

圖 20 McKinsey 7-S 模式

　　由圖 20 可看出表頂部的三個元素，策略，結構和系統被稱為硬元素(Hard S)，此乃顯示模式的三個元素較容易定義，管理層級往往會有更好的時間影響組織中的硬性要素；最底層的四個軟元素(Soft S)：技能、員工、風格和共同價值觀，較難描述，主要受文化的影響而非管理。七個元素彼此相互依賴，一個元素內的變化需要改變其餘六個元素。

　　Peters 與 Waterman 認為，要有效使用此框架應包含五個步驟：首先，確認框架中未正確連結的元素，包括識別元素關係之間的不一致性；第二，建構最佳的組織設計，對所有組織特性進行區隔；第三階段是決定在哪裡？那些地方須做改變？；第四步是正確的投入變革，Peters 與 Waterman 認為，此步驟是重組過程中最重要的階段；第五，也是最後一個步驟是不斷審查 7S 框架，維持每一個元素的持續變革是非常重要。

五、ADKAR 模式

　　ADKAR 模式由 Prosci Research 開發(Bejinariu, Jitarel, Sarca & Mocan, 2017)，如圖 21。它提供了一個個體變革的理解和管理架構，因為個人層級發生了重大變革，組織第一要務即是思考組織全體員工的變化（見圖 20）。ADKAR(Awareness, Willingnes, Knowledge, Ability, Strengthening)模式名稱是首字母，源自要觀察到的變化目標的五個要素（一）覺知變革的過程；（二）從事變革的意願；（三）變革所需要的知識；（四）實施變革的能力；（五）製造變革的優勢（Hiatt,2006）。

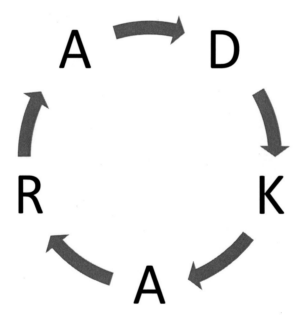

圖 21ADKAR 模式

除上述五個要素外，ADKAR 亦可用於：

（一）在實施變革的同時，為專業和個人發展制定行動計劃；

（二）為人力資源組織變革發展管理計劃；

（三）診斷對組織變革的抗拒。

另外 ADKAR 模式的評量如下：

（一）A：Awareness，能注意變革的需求

（二）D：Desire，能讓變革產生

（三）K：Knowledge，知道如何變革

（四）A：Ability，進行變革的能力

（五）R：Reinforcement，強化和保持變革

從 ADKAR 的要素、運用到評量，對於組織變革提供一個完整的實踐模式。

六、Kotter 模式

Kotter 開發組織變革八個步驟的線性模式（Kotter,1995），說明如下：

（一）建立緊迫感。探討當前的競爭現實，洞悉未來潛在的情景，增加變革的「感覺需求」。

（二）建構強而有力的指導聯盟，組成合作無間的優質人員團隊。

（三）創造願景。引導成員致力於變革，提出策略達成願景。

（四）溝通願景。Kotter 強調溝通的必要性，溝通的次數至少是你希望溝通數量的 10 倍。

（五）授權他人執行願景。包括擺脫變革的障礙，例如無益的結構或系統，允許組織成員進行實驗。

（六）計劃並創造短期勝利，尋找並宣傳短期可見的改進效果，透過計劃並公開獎勵成員進行改革。

（七）鞏固改革並產生更多變革，升遷和獎勵那些能夠驅動和努力實現願景的人；通過新方案，資源和變革代理人來推動變革進程。

（八）將新方法制度化，確保每個成員都能理解新行為會帶來組織的成功。

此外 Kotter 認為在前 3 個步驟的重點在於創建組織變革的氣氛；第 4 到 6 步驟應致力於提升整體組織的成功；第 7 到 8 步驟應執行並進行永續變革。

七、Schein 模式

Schein 變革發展模式主要基於 Lewin 的模式，涉及三個步驟(Bejinariu, Jitarel, Sarca & Mocan, 2017）：

（一）第一階段解凍準備變更;

（二）第二階段學習新概念來實施變革;

（三）最後一步重新凍結新概念。

Schein 的理論主張人們應該放棄舊的習慣，以接受和學習新的概念。他認為由於壓力的變化，學習有兩個階段：學習的焦慮和生存的焦慮。抗拒是影響變革的主要因素，根據 Schein 的變革模式，有兩個工作原則：亦即(一)生存的焦慮必須大於學習的焦慮；(二)減少學習焦慮，不增加生存焦慮。

就 Lewin 力場理論加以對照，生存的焦慮是一種驅動力，學習的焦慮是一種約束力。

八、Hackman 與 Oldham 工作特徵模式

Hackman 與 Oldham（1976）建立工作特徵模式（Job Characteristic Model, JCM），該模式具有很大的激勵作用，有助於創造更好的工作環境，提升成員

的自我決定（Saksvik & Nytrø, 2006）；影響成員動機、提高工作效率和工作滿意度，並為實踐理念和價值觀開發更多結構化模式，以及鼓勵民主和積極參與工作（Jacobsen & Thorsvik, 2002）。

　　Hackman 與 Oldham 工作特徵模式基於五個核心工作維度，JCM 描述了組織工作的特徵以及個體員工如何回應這些特徵：技能多樣性(Skill variety)、任務識別(Task identity)、任務重要性(Task significance)、自主(Autonomy)和回饋(Feedback)。五個工作維度被認為是促進三種心理狀態，這些狀態與工作的相關效益和個人成果有關，例如工作動機、績效、滿意度和效率（Kompier, 2003）。前三個維度決定了個人對工作的感受，而第四個維度決定了工作責任經驗。然而，不同的工作情況涉及不同程度的自治，組織傾向給予高度自治，以增加個人自由，相互依賴和決定如何開展工作的感覺。第五個維度基於接收有關工作績效的訊息並促進成果的知識。當計算激勵潛力分數（Motivating Potential Score, MPS）時，自主和回饋被認為是與工作動機相關的最重要的維度。JCM 被認為是一個單獨的模式，因為五個維度之間的關係，凸顯重要的心理狀態，個人和工作的結果關係由個人成長需求優勢（growth need strengths,GNS）來扮演調節角色（Hackman & Oldham,1976,1980）。

　　儘管對上述相當有限的維度存在分歧的看法（Arnold et al., 2005），但研究指出 JCM 將五個維度與行為和心理結果相互聯結，是合理有效的，JCM 被認為是提高員工工作動力的最佳發展模式（Fried & Ferris,1987）。

　　綜合上述組織變革多元模式之論述可知，由於組織型態具備多元特性，諸如組織規模、組織類型、組織產品及其市場、組織成員的組織等等各有不同的組織結構風貌，因此組織變革模式的運用端靠組織本身如何就不同模式之特性加以統整，尋求最適組織個體變革發展的模式。

　　上述八種組織變革模式之論，首先就組織狀態而言，當組織面臨內部或外來挑戰，組織可能必須進行現狀的解構，進行轉化調整，再實施重構的步驟；而就組織變革轉化過程而論，將涉及組織與成員兩個主要因素，如組織變革的願景、知識、能力、優勢、成功變革後對組織與成員的效益，以及如

何有效的、持續性的進行組織變革等;再就組織成員而言,來自於成員對變革的不安所可能產生的抗拒因素,如成員的權利、工作保障、能力、知識等種種因素產生的焦慮,將使組織成員缺乏意願,無法有效配合組織變革的措施而產生抗拒。因此,成功的組織變革模式應兼重組織本身以及組織成員個人兩種因素及其相互影響的效應,方能有效實踐組織變革。

第十章　結語

　　在過去二百年，新古典經濟學（neo-classical economics）僅確認兩項生產因子：勞力（labour）與資本（capital）。知識、生產力、教育、以及智慧資本皆被視為是衍生性因子，亦即屬於經濟生產體制外的因素。但是提倡新成長理論（New Growth Theory）的史丹福大學經濟學家 Paul Romer 則主張科技及其所植基的知識乃是經濟體系的一項內在構成要素，因此知識變成在經濟領先國家中之第三項生產因子（Romer,1986;1990）。

　　二十一世紀的「變」已成常態，且持續加速進行，繼「農業革命」、「工業革命」、「資訊革命」之後，「知識革命」已然興起，成為人類的第四波革命（范熾文，2008）。由上可知，組織正以前所未有的方式發生變化，並且在戰略和運營層面面臨無法預測的變革需求，人們普遍認為變革是當前組織生活的一個持續特徵（Burnes, 2004）。當前受經濟全球化、全球市場競爭、科技發展、顧客期望（Schabraqu, Cooper ＆Winnubst, 2003）和產品淘汰（Furnham, 2005）的影響，當前的組織處於更複雜的環境（Saksvik＆Nytrø, 2006）。不斷變革與動態的環境指出，組織的核心將是具備成功變革的能力（Arnold, Silvester, Patterson, Robertson, Cooper ＆Burnes, 2005; Beer ＆ Nohria, 2000; Burnes, 1996, 2005; Kotter, 1996; Rieley＆Clarkson, 2001; Todnem,2005）。

　　不同的作者和研究者對組織中的「變革」有著不同的定義和區分。一般而言可分為以下幾類：

一、根據其起因進行變革

　　一般而言，任何一項有關組織變革的方案的提出，主要會面臨三種可能的反應：積極支持、中立觀望及抗拒反對（許士軍，1993），而組織變革因素可分成以下兩種類型：

（一）內部和外部力量

　　外部力量包含一般環境（如國際、經濟、社會文化和政治法律層面）和任務環境（競爭、客戶、供應商、監管機構和戰略盟友）進行變革，稱為外生變化；內部力量從內部發展並在內部衍生出來（如文化、組織戰略），有時反映外部環境，內部力量產生變化，稱為內生變化。

（二）組織本身複雜問題的評量與解決方案

　　如改變以控制組織工作環境中的運營損失、盜竊、腐敗和安全威脅(Macri et al, 2002; Burnes, 2004; Kanter et al,1992; Trader, 2002; Woodward Nancy, 2007)。

二、根據執行或調整進行變革

　　此類型可區分成以下兩種情況：

（一）適應性和主動性

適應性變革針對日常組織運作進行變革和管理，組織變革在適應環境的變化。另一方面，在主動變革中，組織會發生變化，以因應組織未來的威脅和潛在的問題。

（二）計劃內和計劃外

在計劃變革中，變革方向是可控制的，它主要是基於團體的、自願的，計畫變革可以穩定一些工作方式。計劃外變革則是沒有預期的組織變革（Correa & Slack 1996, Schein, 2002; Fernandez, 2007; Burnes, 2004）。

三、根據其範圍和速度

亦即完成變革所需的時間進行改變，可分為

（一）漸進或激進

漸進的變革幾乎無法被注意到並且執行緩慢，但時間久了有助於組織的轉型（Kanter, Stein & Jick, 1992），它也被稱為第一階段的變革，漸進變革旨在實現文化和行為的變化（Burnes, 2004）。激進變革被稱為第二階段變革，可能是合併、收購和出售的結果，是一種大膽的變革方式（Rosabeth Mosset al, 1993）。

（二）連續性與間接性

持續變革是那些正在進行，不斷發展和累積的變化（Orlikowski, 1996）。間接性變革是罕見的，不連續的，它發生在組織失去平衡或環境的影響而發生變革（Woodward Nancy, 2007; Weick & Quinn, 1999; Perkins 等, 2007）。

四、根據不同功能對單位或部門、任務進行變革

根據不同功能進行變革的因素如下：

（一）科技

改變行動測量，引入先進的計算機系統、機械和工具，以及先進的通訊系統，進行組織成員能力的轉化（Garg & Singh, 2006）。

（二）結構

結構包含六個要素－工作專業化、指揮鏈、控制範圍、權力和責任、集權和分權以及部門化。組織結構的變化包括權力關係、協調機制、集中程度、工作設計等。組織流程再造、重組、縮小規模和賦權可以導致更多的權力下放。更廣泛的控制範圍，減少工作專業化和跨功能團隊，這些結構組件為員工提供了權威的靈活性，並且易於實施流程改造（Robbins, 2001）。Drucker（1990）指出，結構是實現組織目的與目標的手段，任何結構的變革都必須從目標和戰略開始。

（三）文化變革

組織透過文化來描述結構和系統的變革（Kanter et al., 1992）。組織文化是指組織內部共享意義，在很大程度上決定了員工的行為方式。新的系統或價值觀、符號、儀式、神話、信仰、規範、社會形式和實踐的模式隨著時間的推移在組織中不斷發展（Erez & Somech, 1996; Hambrick et al, 1998; Wenting & Palma, 2000）。

（四）基礎設施

組織的物理基礎設施的變化，例如搬遷或擴建(Khan & Rehman, 2008）。

（五）策略

由策略和環境驅力所驅動的變革，與組織實現目標的能力密切相關(Khan & Rehman, 2008）。

（六）身份的更改

組織身份的變化是組織進行變革的因素（Kanter et al, 1992; Leavitt, 1965; Van de Ven & Poole, 2004; Fossum, 1989）。組織變革是組織中個人和群體行為轉化的問題，而要促成行為的轉化，必須具備以下先決條件(Codreanu, 2010)：1.變革透過幫助個人和群體忘掉一些態度習慣，來破壞自給自足的感覺；2.變革是一個相互關係的問題，它是組織促進前進的基礎；3.變革是不斷質疑個人和群體的習慣和規範，如同學習一般，不斷精進改變；4.變革是測試和驗證替代方案的發現過程（如與個人和群體態度和行為密切相關的過程、組織的使命和目標的相關）；5.變革是對個人的行為或他人行為結果的責任；6.變革是對自己和他人誠實的事件；7.變革是能力的問題；8.個人動機的改變取決於成本/收益比。上開所有先決條件均基於彼此互動，而後者實際上是組織發展和變革的基石(Heritage, 2010)。因此，為了理解如何透過轉變個人和群體行為來實現組織變革，首先需要了解產生此行為的組織腳本及其潛在態度。組織變革的目標應該重新繕寫，重新協商這些腳本以及為每個人建立新的合同，通過滿足上述先決條件，組織的員工將對組織變革的可能趨向正向反應。

組織變革除了需要時間，更需要人力、物力與財政資源的投入，但卻無法保證變革能否成功，正如 Arnold 等人（2005）提到，組織變革需要時間和財政資源的持續挹注，但無法保證變革一定成功。雖然變革策略與創意已層出不窮（Pellettiere, 2006），有無以數計的處方告訴管理者如何實現組織的競

爭力和促成組織的成功，但這些所謂的策略與真實的情境往往無法密合（Kanter, Stein, & Jick, 1992）。儘管一些企業變革努力已經取得了成效（Kotter, 1996），但研究指出，即使是最成熟的倡議也無法保證提供成功的結果（Arnold et al., 2005），其中有將近 70-80％的變革創意都不成功的（Beer & Nohria, 2000; Burnes, 2005; Pellettiere, 2006）。但是面對急速變遷的社會與經濟結構的改變，雖然改革是長期的旅程，但不改革將等著被淘汰，如 Beer 與 Nohria（2000）研究指出，成功的變革可以提高員工的福祉和誠信度，減少經濟緊張，提高動力和工作滿意度；Schabracq（2003）亦談到，害怕失敗或不進行變化可能對組織產生毀滅的後果，應該更加關注變革和組織行為的動態，稗利透過變革取得成功並獲得組織效益。Bamford 與 Forrester (2003) 強調，管理者將員工視為組織最重要的資產，並在規劃未來時強化他們對變革的信心，將有助於組織變革成功。PMI(Project Management Institute, 2014)亦談及，方案和計劃的推動是創造變革的要素，為了成功實施組織策略，組織相關領導人應具備推動和應對變革的技能，同時確保這些變革計劃在戰略上與業務目標保持一致。變革計劃的成敗不僅僅是啟動、計劃、監控、執行和評估的執行流程。它還涉及為組織做好轉型準備，確保利害關係人的支持，以及讓執行贊助商在實施之前、期間和之後能支持組織變革。

　　成功的組織變革需要有具體的實踐路徑，Lewin(1951)談到成功的組織變革機制，其實施過程包含三個階段：(一)是解凍，讓成員離開已經僵化凍結的組織狀態，改變的過程在掌控目前狀態維持系統的運作；(二)是過渡的階段，旨在透過整個組織來進行變革；(三)是再凍結階段，再次紮根，建立組織的穩定狀態。Kotter(1995)成功的組織變革應避免以下的錯誤：(一)未能完整的感受到情境的危險性(競爭無法等待、市場持續再變動、科技快速的更新)；(二)一個堅強的領導團隊，它能領導變革並鼓勵組織成員面對變革，但缺乏組織具體的願景；(三)無法明確地傳送變革願景給組織成員；(四)窄化角色定位，無法提供成員思考與行動的空間；(五)沒有完成短期目標，讓成員質疑變革的劣勢與能力；(六)變革的發生來自於市場的變動，而非在改變組織的根本價值，

改變市場目的在維持對組織根本價值的忠誠。Drucker(2000)提出，成功的組織變革，不同組織階層的領導扮演重要的角色，他認為領導者必須趨動組織進行系統革新的政策，政策本身即在創建革新。尋找變革的機會，並且每 6-12 個月完成不同層級的革新，並且對於市場與人口結構的發展有新的理解。

　　Miller（2002）指出，組織與成功變革的相關標準，以及可能導致組織變革失敗但尚未被發現的「關鍵因素」，同時影響組織的變革。Miller 認為管理和領導是與組織成功相關的主要因素，而強大領導是組織變革時的最佳配備。但良好的領導者還不夠，成功的變革同樣取決於紀律和實施正確的變革架構（Miller, 2002）。Burnes（2004）、Dawson（2003）認為，不佳的、矛盾的理論和缺乏有效的框架是解釋組織變革不成功的基本因素。Schein(2004)提出，就組織文化的觀點來看，溝通是變革成功的重要因素，因為缺乏基本溝通模式的組織，無法完全理解組織文化及其能力因而導致變革失敗。理解組織文化和保有組織具有的品質是組織變革成功的標準。與具有更一致觀點的組織相比，與現實世界看法缺乏一致性的組織往往經歷了更多不成功的變革（Rieley＆Clarkson, 2001）。而組織的變革準備是另一個與不成功變革相關的因素（Pellettiere, 2006），員工對變革的抗拒也是如此（Madsen, Miller, ＆John, 2005）。另外，組織未能正確了解組織在真實世界中所處的地位(Rieley ＆ Clarkson, 2001)、組織無法做好變革的準備(Pellettiere, 2006)、員工對組織變革的抗拒(Madsen, Miller, & John, 2005)、無法正確評估並採用有效管理策略(Bamford & Forresters, 2003)、變革的假設和變革的目標之間存在差異(Beer & Nohria, 2000)、有限的管理技術與變革知識的不足(Burnes, 1991)、管理者忽略員工與環境(Anand & Nicholson, 2004; Kotter, 1996)等，都是組織變革無法成功的因素。

　　對於克服組織變革所產生阻力的相關文獻中，最熟悉的方法包括緩慢實施變革、了解員工抗拒的背後的原因、優化組織成員、建立激勵和懲罰制度以及人員流動（Hansen,2012; Askenas,2011;Musselwhite & Plouffe,2011）。當然，領導在面對變革產生的抗拒以及變革是否成功扮演著重要角色。在變革期間

領導者便演這楷模與領頭羊的角色，誠實而完整的溝通有助於管理變革的成功（Musselwhite & Plouffe,2011; Merrell,2012）。

Stanton（2017）指出，員工是組織聲譽管理、形象和品牌認知的重要組成部分，是組織的重要利害關係人。組織成員的態度影響了變革成功與否，存在兩種變革承諾：「情感承諾(affective commitment）」和「規範承諾(normative commitment）」。情感承諾與員工對變革有益程度的看法有關，通常需對員工有利；規範承諾的基礎來自員工對組織的「歸屬感」。規範承諾與積極的變革態度更為緊密相關，這意味著具有高度規範性承諾的組織更有可能經歷成功的變革（Shin,Taylor & Seo,2012）。在其他相關研究中亦發現，員工與組織之間的緊密契合可以導致員工在變革期間擁有「更強烈的承諾」和更高的員工保留率（Meyer,Hecht,Gill & Toplonytsky,2010）。組織領導者和變革推動者能夠通過組織文化促進更高程度的規範承諾，更佳的員工與組織之間的關係。

現實生活中，所有組織可能都經歷變革。一些組織主動選擇變革以提升組織成長與更多機會的優勢，其他組織則為了生存並保持競爭力被迫迅速改變。但組織變革若是失敗可能會給組織帶來巨大的損失，失敗的變革策略會對組織的生存發展產生極大的影響。當一個組織開始變革時，系統、流程、供應商甚至整個組織思維模式（或任務）都可能受到影響，未能成功實現變革會使組織失去競爭優勢，因此組織變革是組織無法避免的課題。PMI(2014)的報告中提到，高效能的組織變革管理，變革推動者成功推動變革計劃，應包含以下要素：(一)標準化項目和計劃管理實踐。(二)積極整合高階管理層與贊助商對變革的承諾與支持。(三)通過組織變革來管理人員。(四)利害關係人參與該計劃。

成功的組織變革管理需要對組織的轉型做出承諾。變革管理涉及因素甚多，諸如組織文化與成員心智，都是變革領導者必須於變革前、變革中及變革後必須面對的課題。擅長變革轉型過程的組織，有助於並且較能實現長期的、永續的變革。變革推動者應了解策略變革的必要性，及其對影響永續發展的影響。雖然在當今的競爭環境中，變革已是無法避免，但變革推動者或

領導者如何幫助組織在競爭中脫穎而出，同時讓成員、顧客保有對組織的信心，願意留下與組織共同努力與成長，是一個持續不斷且一直發酵的課題，值得學術領域與實務場域永續的開發與經營。

參考文獻

李素卿（譯）（1996）。**了解與促進轉化學習：成人教育者指南**。台北：五南。

林曉君（2014）。轉化學習理論對組織變革之意涵及運用於人力資源發展之探究。**經營管理學刊**，**9**，23-38。

林曉君、蕭大正（2009）。領導者轉化學習歷程初探-非營利組織個案研究。**經營管理學刊**，**1**，1-23。

涂保民（2003）。從學習理論的觀點看資訊科技對組織學習與學習型組織的影響。**康寧學報**，**3**（5），39-62。

吳佳輝（2003）。組織領導者如何影響組織文化的建立---以 ING 安泰人壽為例。**中華管理評論國際學報**，**6**（2），15-29。

吳美瑤（2013）。朝向「理性化」的學校教師會組織發展： 一個功能社會系統理論的觀點。**臺灣教育評論月刊**，**2**（6），79-82。

吳清山（2014）。**學校行政**（七版）。臺北：心理。

范熾文（2006）。**學校經營與管理：概念、理論與實務**。高雄：麗文。

秦夢群（2003）。**教育行政：理論部分**。台北：五南。

秦琍琍、黃瓊儀、陳彥龍、張嘉予（2010）。組織認定、企業論述、與組織文化的變革：從語藝觀點檢視公廣集團的整併過程。**新聞學研究**，**104**，67-111。

秦克堅、姚文成（2011）。銀行組織變革認知與不確定性關聯性之研究。**北台灣學報**，**34**，99-112。

財團法人資訊工業策進會（2016）。《行動 App 消費者調查》超愛聊逾
　　80%每天使用社交通訊 App。 取自
　　http://mic.iii.org.tw/aisp/pressroom/press01_pop.asp?sno=423&cred=2016/0
　　2/02&type1=2

陳明蕾（2002）。從理論到實務—幫助成人學習。載於黃富順（主編），**成人**
　　學習（頁 437-452）。台北：五南圖書。

陳文進、楊麗玲（2005）。教育行政溝通。*Journal of China Institute of*
　　Technology, 33, 139-155.

商業週刊（2014）。**職場溝通大調**查：5 成企業主管已用 Line 聯絡公事。
　　取自 http://www.businessweekly.com.tw/KIndepArticle.aspx?id=23522

許士軍（1993）。**管理學**。台北：東華。

黃富順（2002）。**成人學習**。台北：五南。

黃文定（2015）。融合跨文化溝通能力與全球公民素養的外語教育：評介
　　《從外語教育邁向跨文化公民素養教育》。**課程研究，10**（2），97-
　　106。

楊深耕（2003）。以馬濟洛（Mezirow）的轉化學習理論來看教師專業成
　　長。**教育資料與研究，54**，124-131。

楊仁壽、王思峰（2002）。三種組織學習的類型與其介入模式。**商管科技季**
　　刊，4，249-274。

蔡金田(2019）。**知識、智慧與領導**。台北：元華文創。

蔡金田、董德佑（2017）。行動即時通訊軟體應用於學校行政溝通之探討-
　　以南投縣國民小學為例。**教育行政論壇，9**（1），49-72。

蔡金田、許瑞芳（2019）。**臺灣國民小學多元文化教育理念與分析**。台北：
　　元華文創。

廖春文（2004）。學校組織變革發展整合模式之探討。**教育政策論壇，7**
　　（2），131-166。

賴麗珍（1996）。馬濟洛的觀點轉化學習理論介紹。**成人教育，33**，18-25。

謝文全（2003）。**教育行政學**。台北：高等教育。

謝文全（2012）。**教育行政學**（四版）。臺北：高等教育。

Abbot, J.& Guijt, I. (1998). Chanfing view on chang: A working paper particitory monitoring of the environment. Work Paper, International Institute of Enviornment and Development(IIED).

Abraham, M., Crawford, J., & Fisher, T. (1999). Key factors predicting effectiveness of cultural change and improved productivity in implementing total quality management. *International Journal of Quality & Reliability Management, 16*(2), 112-132.

Ahmed, M.&Saima, S. (2014). The Impact of organizational culture on Oorganizational performance: A case study of telecom sSector. Global *Journal of Management and Business Research: A Administration and Management, 14*(3),20-29.

Akerlof G. (1982). Labour contracts as a partial gift exchange. *Quarterly Journal of Economics, 97*, 543-569.

Alker, M. & McHugh, D. (2000). Human resource maintenance? Organizational rationales for the introduction of employee assistance programmes, *Journal of Managerial Psychology, 15*(4), 303-323.

Alström, B. & Sjöblom-Nordgren, Å. (1999). Kommunikationseffektivitet och ickemateriella tillgångar i offentlig verksamhet. [Communication efficiency and non-material assets in public organizations] Sundsvall: Mid Sweden University (Rapport 1999: 3).

Alvesson, M. (2002). *Understanding Organizational Culture*. London: Sage Publications.

Amos, E.A. & Weathington, B. L. (2008). An analysis of the relation between employee– organization value congruence and employee attitudes, *The Journal of Psychology, 142*(6), 615–631.

Anand, N., & Nicholson, N. (2004). *Change: How to adapt and transform the business*. Norwich: Format Publishing.

Andersson, L. M., & Bateman, T. S. (2000). Individual Environmental Initiative: Championing Natural Environmental Issues in U.S. *Business Organizations. Academy of Management Journal, 43*, 548-570.

Andersson, L. M., Shivarajan, S., & Blau, G. (2005). Enacting Ecological Sustainability in the MNC: A Test of an Adapted Value-Belief-Norm Framework. *Journal of Business Ethics, 59*, 295-305.

Arditi, D., Nayak, S. & Damci, A. (2016). Effect of organizational culture on delay in construction, *International Journal of Project Management, 35*, 136–147.

Argote, L. & Miron-Spektor, E. (2011). Organizational learning: *From experience to knowledge. Organization Science, 22(5*), 1123-1137.

Argyris, C., & Schön, D. A. (1996). *Organizational Learning II: Theory, Method, and Practice*. US: Addison-Westley.

Armenakis, A. A., & Bedeian, A. G. (1999). Organizational Change: A Review of Theory and Research in the 1990s. *Journal of Management, 25*, 293-315.

Armenakis, A. A., & Harris, S. G. (2002). Crafting a change message to create transformational readiness. *Journal of Organizational Change Management, 15*(2), 169-183.

Armonia, R.C. & Campilan, D.M. (1997). Participatory monitoring and evaluation: The Asian experience. UPWARD, Los Banos, Laguna, the Phillippines.

Armstrong-Stassen, M. (1998). Downsizing the federal government: A longitudinal study of managers' reactions. *Revue Canadienne des Sciences del'Administration, 15*, 310–321.

Ashkanasy, N.M. & Daus, C.S. (2002). Emotion in the workplace: the new challenge for managers, *Academy of Management Executive, 16*(1), 76-86.

Asst. R. & Aydin, B. (2018). The rple of organizational culture on leadership styles. *Manas Journal of Social Studies, 7*(1), 267-280.

Australian National Training Authority. (2003). *What are the conditions for and characteristics of effective online learning communities?* Retrieved from http://flexiblelearning.net.au/guides/

Bailey, J. & Jonathan, R. (2010). *Employees see death when you change their routines.* Retrieve from http://blogs.hbr.org/research/2010/11/employees-see-deathwhen-you-c.html

Baker G., Wruck K. (1989). Organizational Changes and Value Creation in Burke.

Baltaş, Z., & Baltaş, A. (2002). *Bedenin Dili, Remzi Kitabevi*, İstanbul.

Bamford, D. R., & Forrester, P. L. (2003). Managing planned and emergent change within an operations management environment. *International Journal of Operations & Production Management, 23*, 546-564.

Banerji, A. & Dayal, A. (2005). A study of communication in emergency situations in hospitals. *Journal of Organizational Culture, Communications and Conflict, 9*(2), 35-45.

Banks, J.A., & Banks, C.A.M. (1993). *Multicultural education: Issues and perspectives.* Boston, MA: Allyn & Bacon.

Bansal, P. (2003). From Issues to Actions: The Importance of Individual Concerns and Organizational Values in Responding to Natural Environmental Issues. *Organization Science, 14*, 510-527.

Bansal, P., & Roth, K. (2000). Why companies go green: A model of ecological responsiveness. *Academy of Management Journal, 43*, 717-736.

Barrett, D. J. (2002). Change communication: using strategic employee communication to facilitate major change. Corporate Communications: An *International Journal, 7*(4), 219-231.

Barsade, S.G. & Gibson, D.E. (2007) Why does affect matter in organizations? *Academy of Management Perspectives, 21*(1), 36-59.

Baruch, Y., & Hind, P. (1999). Perceptual motion in organizations: Effective management andthe impact of the new psychological contracts on survivor syndrome. *European Journal of Work and Organizational Psychology, 8*(2), 295 -306.

Baumgartner, L. M. (2001). *An update on transformational learning.* In S. B. Merriam (Ed.), the new update on adult learning theory (pp. 15-24). San Francisco, CA: Jossey-Bass.

Baxter, G., & Sommerville, I. (2011). Socio-technical systems: From design methods to systems engineering. *Interacting with Computers, 2,* 4-17.

Beer, M., & Nohria, N. (2000). *Breaking the Code of Chang*e. Boston, MS: Harvard Business School Press.

Bejinariu, A.C., Jitarel, A., Sarca, I., & Mocan, A. (2017). *Organizational change management-concepts definitions and approaches inventory.* Retrieve from http://www.toknowpress.net/ISBN/978-961-6914-21-5/papers/ML17-061.pdf

Bennebroek-Gravenhorst, K., Elving, K., & Werkman, R. (2006). *Test and application of the communication and organizational change questionnaire.* Paper presented at the annual meeting of the International Communication Association, Dresden, Germany, June

Bennett, N., Harvey, J. A., Wise, C., & Woods, P. (2003a). *Distributed leadership: Summary report.* Retrieved from http://www.ncsl.org.uk/mediastore/image2/bennett-distributed-leadership-summar y.pdf

Bennett, N., Harvey, J. A., Wise, C., & Woods, P. (2003b). *Distributed leadership: Full report.* Retrieved from http://www.ncsl.org.uk/mediastore/image2/bennett-distributed-leadership-full.pdf

Benveniste, G. (1989). *Mastering the politics of planning.* San Francisco: Jossey-Bass.

Beugré, C.D. & Baron, R.A. (2001). Perceptions of systemic justice: the effects of distributive, procedural and interactional justice, *Journal of Applied Psychology, 31*(2), 324-339.

Beyer, J. & Nino, D. (2001). *Culture as a source, expression and reinforcer of emotions in organizations*, in: R. Payne and C. Cooper (Eds), Emotions at Work: Theory, Research and Applications for Management, 173-197. (Chichester, UK: John Wiley and Sons).

Bibler, R. S. (1989). *The Arthur Young management guide to mergers and acquisitions.* New Jersey: Wiley.

Bogathy, Z. (coord) (2004). Manual de psihologia muncii şi organizaţională. Iaşi: Polirom, 283.

Bolden, R., & Gosling, J. (2006). Leadership competencies: Time to change the tune? *Leadership, 2*, 147-163.

Bolman, L. & T. Deal. (1991). Reframing Organizations. In Artistry, Choice, and Leadership. The Jossey-Bass Management Series.

Bolton, S. (2005). *Emotion Management in the Workplace.* Houndsmill, Hampshire: Palgrave Macmillan.

Boonstra, J. J. (2004). *Dynamics of Organizational Change and Learning.* Hoboken, NJ, USA: John Wiley & Sons, Incorporated, 127.

Boyd, R. D. (1991). *Personal transformations in small groups: A Jungian perspective.* New York, NY: Routledge Press.

161

Bradley, L. & Parker, R. P. (2006). Do Australian public sector employees have the type of culture they want in the era of new public management? *Australian Journal of Public Administration (AJPA), 65*(1), 89-99.

Bradley, L. & Parker. R. (2001). Organisational Culture in the Public Sector, Report for the Institute of Public Administration Australia (IPAA), Australia: IPAA National.

Branzei, O., Vertinsky, I., & Zietsma, C. (2000). *From green-blindness to the pursuit of eco-sustainability: An empirical investigation of leader cognitions and corporate environmental strategy choices.* In S. Havlovic (Ed.), Academy of Management Best Paper Proceedings. Toronto, ON: Academy of Management, ONE: C6

Broadhurst, K., Wastell, D., White, S., Hall, C., Peckover, S., Thompson, K., Davey, D. (2010). Performing 'initial assessment': Identifying the latent conditions for error at the front-door of local authority children's services. *British Journal of Social Work, 40*, 352-370.

Broersma, T. (1995). In Search of the Future. *Training & Development, 49*(1), 38-44.

Brooks, A. K. (2004). Transformational Learning Theory and Implications for Human Resource *Development. Advances in Developing Human Resources, 6*(2), 211 – 225.

Brown, J., & Quarter, J. (1994). Resistance to change: The influence of social networks on the conversion of a privately-owned unionized business to a worker cooperative. *Economic and Industrial Democracy, 15*(2), 259 -282.

Bryant, M. & Wolfram Cox, J. (2006). Loss and emotional labour in narratives of organizational change, *Journal of Management and Organization, 12*(2), 116-130.

Bryant, M. (2006). Talking about change: Understanding employee responses through qualitative research. *Management Decision, 44*(2), 246-258.

Bryman, A., (1984). Organization studies and the concept of rationality. *Journal of Management Studies, 21*, 4.

Budner, S. (1962). Intolerance of ambiguity as a personality variable. *Journal of Personality, 30*(1), 29-50.

Buhl, L. C. (1974). Mariners and machines: Resistance to technological change in the American navy. *Journal of American History, 61*(3), 703 - 727.

Burger, J. M. (1999). The foot-in-the-door compliance procedure: A multiple-process analysis and review. *Personality and Social Psychology Review, 3*, 303-325.

Burke, R. J., & Greenglass, E. R. (2001). Hospital restructuring and nursing staff well-being: The role of perceived hospital and union support. *Anxiety, Stress and Coping: An International Journal, 14*(1), 93-115.

Burke, W.W. (1994), *Organization Development: A Process of Learning and Changing (2nd ed)*. Addison-Wesley, Reading, MA.

Burkhardt, M. E. (1994). Social interaction effects following a technologic.

Burnes, B. (1996). No such thing as a one best way to manage organizational change. *Management Decision, 34*, 11-18.

Burnes, B. (2004). *Managing Change*. Essex: Pearson Education Limited.

Burnes, B. (2005). Complexity theories and organizational change. International *Journal of Management Reviews, 7*, 73-90.

By, R. (2005). Organisational Change Management: A Critical Review. *Journal of Change Management, 5*, 369-380.

Callahan, J.L. (2002). Masking the need for cutural change: the effects of emotional structuration. *Organization Studies, 23*(2), 282-297.

Campos, J.& Coupal, F. P. (1996). Particitory evaluation. Preparedo para el PNUD (borrador).

Carlisle, K. E., & Murphy, S. E. (1996). *Practical motivation handbook.* New Jersey: Wiley.

Carol, D. & Beatty, A. (2015). *Communicating during an organizational change.* Retrieve from https://irc.queensu.ca/sites/default/files/articles/communicating-during-an-organizational-change.pdf

Carroll, A. B. (1979). A Three-Dimensional Conceptual Model of Corporate Performance. *Academy of Management Review, 4*, 497-505.

Cartwright, S. & Helen, B. (2002). Culture and Organizational Effectiveness. In Organizational Effectiveness: The Role of Psychology. Edited by Ivan Robertson, Militza Callinan and Dave Bartram, 181-200. Chichester, NY: Wiley

Chawla, A. & Kelloway, E. K. (2004). Predicting openness and commitment to change. *The Leadership & Organization Development Journal, 25*(6), 485-498.

Chen, J. M., Suen, M. W., Lin, M. J., & Shieh, F. A. (2011). Organizational change and development. *T & D, 113,* 1-13.

Chen, J. C., Silverthone, C., & J. Y. Hung (2005). Organizational communication, job stress, organizational commitment, and job performance of accounting professionals in Twain and America. *Leaderships and Organization Development Journal, 27*(4), 242-249.

Cheney, G. (1999). *Values at work.* New York: ILR Press.

Cheney, G.; Christensen, L.T.; Conrad, C. & Lair, D. (2004). Corporate rhetoric as organizational discourse. The Sage handbook of organizational discourse. London: Sage Publications Ltd.

Chia, J. (2005). *Measuring the immeasurable*. Retrievedf rom
　　http://praxis.massey.ac.nz/fileadmin/Praxis/Files/Journal_Files/Evaluation_Is
　　sue/CH A_ARTICLE.
　　pdf#search=%22%20joy%20chia%20measuring%20the%20immeasurabl
　　%22.

Choi TY. (1995). Conceptualizing Continuous Improvement: Implications for
　　Organizational Change. *Omega, 23*(6), 607-624.

Clarke, N. (2006). Developing emotional intelligence through workplace learning:
　　findings from a case study in healthcare. *Human Resource Development
　　International, 9*(4), 447-465.

Clegg, C. W., & Shepherd, C. (2007). The biggest computer programme in the
　　world ever! Time for a change in mindset? *Journal of Information
　　Technology, 22*, 212-221.

Clegg, C. W., & Walsh, S. (2004). Change management: Time for a change!
　　European *Journal of Work and Organizational Psychology, 13*, 217-239.

Coalition for Community Schools (2009). *Turning the curve on high school
　　dropouts*. Retrieved from http://www.communityschools.org

Coch, L. & French, J. R. P. (1948). Overcoming resistance to change. *Human
　　Relations, 1*, 4, 512-32.

Codreanu, A. (2010). Organizational Change: A matter of individual and group
　　behavior transformation. *Journal of Defense Resources Management, 1*(1),
　　49-56.

Coetsee, L. (1999). From resistance to commitment. Southern public
　　administration education foundation.

Colquitt, J.A. (2001). On the dimensionality of organizational justice: a construct
　　validation of a measure, *Journal of Applied Psychology, 86*(3), 386-400.

Conner, D. (1990). *The changing nation: Strategies for citizen action (Handout materials)*. Atlanta: ODR, Inc.

Correa, H. L. & Slack, N. (1996). Framework to analyse flexibility and unplanned change in manufacturing systems. *Computer Integrated Manufacturing Systems, 9*, 57-64.

Coulson-Thomas, C. (1998). Strategic vision or strategic con? Rhetoric or reality? In C.A. Carnall (Ed.), Strategic Change, *Work Study 1998 47*(2), 67-68.

Cranton, P. (1994). *Understanding and promoting transformative learning: A guide for educatiors of adults*. San Francisco, CA: Jossey-Bass.

Crew, D. E. (2010). Strategies for implementing sustainability: Five leadership challenges. *SAM Advanced Management Journal, 75*, 15-21.

Crino, M. D. (1994). Employee sabotage: A random or preventable phenomenon? *Journal of Managerial Issues, 6*(3), 311-330.

Cropanzano, R., & NetLibrary Inc. (2001). *Justice in the workplace: Vol. 2. From theory to practice (2nd Ed.)*. Mahwah, NJ: Lawrence Erlbaum Associates, Inc.

Cumming, T. G., & Huse, E. F. (1989). *Organizational development and change (4th ed.)* St. Paul, MN: West Publishing.

Cummings, T. G., & Worley, C. G. (2005). *Organization Development and Change*. Manson, OH: South Western College Publishing.

Cummings, T.G., & Worley, C.G., (2008). Organization development and change. Cengage Learning, 94.

Cunningham, C. E., Woodward, C. A., Shannon, H. S., MacIntosh, J., Lendrum, B., Rosenbloom, D., et al. (2002). Readiness for organizational change: A longitudinal study of workplace, psychological and behavioural correlates. *Journal of Occupational and Organizational Psychology, 75*(4), 377-392.

Currie, P. & Dollery, B. (2006). Organizational commitment and perceived organizational support in the NSW police, *Policing, 29*(4), 741-756.

Daloz, L. (1986). *Effective Teaching & Mentoring: Realizing the Transformational Power of Adult Learning Experiences*. San Francisco, CA: Jossey-Bass.

Darling-Hammond, L., & Richardson, N. (2009). Teacher Learning: What Matter? *Educational Leadership, 66*(5), 46-53.

Davis, M. C., & Challenger, R. (2009). Climate Change: Warming to the task. The *Psychologist, 22*, 112-114.

Davis, M. C., & Coan, P. (2015). *Organizational Change.* In J. Barling & J. Robertson (Eds.), the Psychology of Green Organizations (pp. 244-274). New York, NY: Oxford University Press.

Davis, M. C., Challenger, R., Jayewardene, D. N., & Clegg, C. W. (2014). Advancing socio-technical systems thinking: A call for bravery. *Applied Ergonomics, 45*(2), 171-180.

De Ridder, J. (2003). Organisational communication and supportive employees. *Human Resource Management Journal, 4*(4), 1-10.

Deal, T and Kennedy, a (1982). Corporate Cultures, Addison-Wesley, Reading, MA

Deal, T. & Allan, K. (1983). Ulture: A new look through old lenses. *Journal of Applied Behavioral Science, 19*, 498-505.

Deci, E. L., & Ryan, R. M. (1985). *Intrinsic motivation and self-determination in human behavior*. New York: Plenum.

Demirel, Y., (2009). Örgütsel bağlılık ve uretkenlik karşıtı davranışlar arasındaki ilişkiye kavramsal yaklaşım. *İstanbul Ticaret Üniversitesi Sosyal Bilimler Dergisi, 8*(15), 115-132.

Denison, D.R. & Spreitzer, G.M. (1991). Organizational culture and organizational development. *Research in Organizational Change and Development, 15*, 1-21.

Dent E., B., & Goldberg S., G. (1999). Challenging "resistance to change". The *Journal of Applied Behavioral Science, 35*(1), 25-41.

Dermer, J. D. and Lucas, R. G., (1986). The illusion of managerial control, Accounting. *Organizations and Society, 11*, 471-482.

DiFonzo, N., & Bordia, P. (1998). A tale of two corporations: Managing uncertainty during organisational change. *Human Resource Management, 37*(3), 295-303.

DiFonzo, N., Bordia, P., & Rosnow, R. L. (1994). Reining in rumors. *Organisational Dynamics, 23*(1), 47-62.

Dirks, K. T., & Ferrin, D. L. (2001). The role of trust in organisational setting. *Organisational Science, 12*(4), 450-467.

Dirkx, J. M. (2006). *Engaging emotions in adult learning: A Jungian perspective on emotion and transformative learning.* In E. W. Taylor (Ed.), Teaching for change: Fostering transformative learning in the classroom (pp. 15-26). San Francisco, CA: Jossey-Bass.

Doğan, H. (2002). İşgörenlerin adalet algılamalarında orgüt içi iletişim ve prosedürel bilgilendirmenin rolü. *Ege Akademik Bakış Dergisi. 2*(2), 71-78.

Drucker F. P. (2000). *Management challenges for the 21st century.* Harper Athens: Leader Books (in Greek).

Drucker P. F. (1990), Management: Tasks, Responsibilities, Practices, New York: Harper and Row.

Druskat, V.U. & Pescosolido, A.T. (2006). *The impact of emergent leader's emotionally competent behaviour on team trust, communication, engagement and effectiveness*, in: W.J. Zerbe, N.M. Ashkanasy and C.E.J. Härtel (eds),

Research on Emotions in Organizations, Volume 2: Individual and Organizational Perspectives on Emotion Management and Display, pp. 25-56 (Oxford: Elsevier).

DuBois, C. L. Z., Astakhova, M. N., & DuBois, D. A. (2013). *Motivating behavior change to support organizational environmental sustainability goals*. In A. H. Huffman & S. R. Klein (Eds.), Green Organizations: Driving Change with IO Psychology (pp. 186-208). Hove, UK: Routledge.

Dubrin, A. J., & Ireland, R. D. (1993). *Management and organization (2nd Ed.)*. Cincinnati, OH: South-Western Publishing.

Dunphy, D., Benn, S., & Griffiths, A. (2003). *Organizational change for corporate sustainability*. London, UK: Routledge.

Eason, K. (2007). Local sociotechnical system development in the NHS National Programme for Information Technology. *Journal of Information Technology, 22*, 257-264.

Edward, G. (1969). The Definition of Organizational Goals. *British Journal of Sociology, 20*, 277-294.

Egan, G. (1988). *Change-agent skills b: Managing innovation and change*. San Diego: University Associates.

Eisenberger, R., Huntington, R., Hutchison, S. & Sowa, D. (1986). Perceived rganizational support, J*ournal of Applied Psychology, 71*(3), 500-507.

Eldridge, J and Crombie, a (1974). *The Sociology of Organizations*, Allen & Unwin, London.

Ellinger, A. D., Ellinger, A. E., Yang, B., & Howton, S. W. 2002. The relationship between the learning organization concept and firm's financial performance: An empirical assessment. *Human Resource Development Quarterly, 31*(1), 5-21.

Elst, T. V., Baillien, E., Cuyper, N. D., & Witte, H. D. (2010). The role of organizational communication and participation in reducing job insecurity and its negative association with work-related well-being. *Economic and Industrial Democracy, 31*(2), 249-264.

Elving (2005). The Role of communication in organisation change. *Corporate Communications: Int. J. 10*(2), 129-138.

Elving, W., & Hansma, L. (2008). *Leading organizational change: On the role of top management and supervisors in communicating organizational change.* Paper presented at the annual meeting of the International Communication Association, Montreal, Quebec, May, 1-45.

Erez M. and Somech A. (1996), Effects of culture and group-based motivation, *Academy of Management Journal, 39*, 1513-1537.

Erickson, B. (1988). *The relational basis of attitudes.* In B. Wellman & S. Berkowitz (Eds.), Intercorporate relations: The structural analysis of business (pp. 99-121). Cambridge, UK: Cambridge University Press.

Ernst, H. (2001). Corporate culture and innovative performance of a firm. Management of Engineering and technology.

Eroğlu, Ş. G., (2009). Örgütsel adalet algılaması ve iş tatmini hakkında bir araştırma. Pamukkale Üniversitesi Sosyal Bilimler Enstitüsü Yüksek Lisans Tezi, Denizli, 1-223.

Estrella, M. B., & Gaventa, J. (1998). *Who counts reality? Participatory monitoring and evaluation: A literature review.* Brighton: Institute of Development Studies, University of Sussex.

Estrella, M., Blauert, J., Campilan, D. Gaventa, J., Gonsalves, J., Guijt, I., Johnson, D. & Ricafort, R. (2000). Learning from change: Issues and experiences in participatory monitoring and evaluation. ITDG Publishing, International Development Research Centre.

Fararo, T. J. (2001). Social Action Systems. Foundation and Synthesis in Sociological Theory, Westport, Connecticut, London: Praeger.

Fazio, R. H. (1990). *Multiple processes by which attitudes guide behavior: The MODE model as an integrative framework*. Quoted in M. P. Zanna (ed.), Advances in experimental social psychology (Vol. 23, pp. 75-109). San Diego: Academic Press.

Ferdig, M. a. (2007). Sustainability Leadership: Co-creating a Sustainable Future. *Journal of Change Management, 7*, 25-35.

Fernandez, E., Junquera, B., & Ordiz, M. (2003). Organizational culture and human resources in the environmental issue: A review of the literature. *International Journal of Human Resource Management, 14*, 634-657.

Fernandez, S., & Pitts, D., W. (2007). Under What Conditions Do Public Managers Favor and Pursue Organizational Change? *American Review of Public Administration, 37*(3), 324-324.

Fineman, S. (1997). Constructing the Green Manager. *British Journal of Management, 8*, 31-38.

Fineman, S. (2000). *Commodifying the emotionally intelligen*t, in S. Fineman (Ed), Emotion in Organizations, 2nd edn, 101-114 (London: Sage Publications).

Fineman, S. (2003). *Understanding Emotion at Work*. London: Sage Publications.

Fineman, S. (2005). Appreciating emotion at work: paradigm tensions, *International Journal of Work Organization and Emotion, 1*(1), 4-19.

Fineman, S. (2008). Introducing the emotional organization, in: S. Fineman (Ed), The Emotional Organization: Passions and Power, 1-11 (Oxford: Blackwell).

Fineman, S., & Clarke, K. (1996). Green stakeholders: Industry interpretations and response. *Journal of Management Studies, 33*, 715-730.

Finenan, S. (2001). Emotions and organizational control, in: R. Payne & C. Cooper (Eds), Emotions at Work: Theory, Research and Applications, 219-237 (Chichester, UK: John Wiley & Sons).

Folger, R. & Skarlicki, D. P. (1999). Unfairness and resistance to change: hardship as mistreatment. *Journal of Organizational Change Management, 12*, 1, 35-50.

Ford, J., & Ford, L. (1995). The role of conversations in producing intentional change in organizations. *Academy of Management Review, 20*(3), 541-570.

Ford, J., L, F., & Angelo, D. A. (2008). Resistance to change: The rest of the story. *Academy of Management Review, 33*, 362-377.

Fossum, L. (1989). *Understanding Organizational Change: Converting Theory into Practice*. Boston, MA. USA: Course Technology Crisp.

Fox, R. (2001). Poslovna komunikacija, Hrvatska sveučilišna naklada, Zagreb.

Fox, S. & Amichai-Hamburger, Y. (2001). The power of emotional appeals in promoting organizational change programs. *Academy of Management Executive, 15*(4), 84-93.

Francis, D. (1989). Organisational communication. United Kingdom: Gower.

French, W.L., & Bell, C.H. (1999). *Organizational Development*. NJ: Prentice Hall.

Fried, Y., & Ferris, G. R. (1987). The validity of the job characteristics model: A review and meta-analysis. *Personnel Psychology, 40*, 287-323.

Frost, P.J. (2004). Handling toxic emotions: new challenges for leaders and their organizations, *Organizational Dynamics, 33*(2), 111-127.

Furnham, A and Gunter, B (1993) *Corporate Assessment*. London: Routledge.

Furnham, A. (2005). *The Psychology of Behaviour at Work*. East Sussex: Psychology Press.

Gaertner, K.N. (1989). Winning and losing: understanding managers' reactions to strategic change. *HumanRelations, 6*, 527-46.

Garg, R. K. & Singh, T. P. (2006). Management of Change - A Comprehensive Review. 45-60.

Garvin, D. A. (1993). Building a learning organization. *Harvard Business Review, 71*(4), 78-91.

George, J. M., & Jones, G. R. (2001). Towards a process model of individual change inorganizations. *Human Relations, April*, 419- 444.

George, J. M., & Jones, G. R. (2002). *Understanding and managing organizational behavior (3rd).* New York: Pearson Education, Inc.

Gibbons, D. E. (2004). Network structure and innovation ambiguity effects on diffusion in dynamic organizational fields. *Academy of Management Journal, 47*(6), 938-951.

Gobisaikhan, D. & Menamkart, A. (2000). Participatory Monitoring and Evaluation: Lessons and Experience from the National Poverty Alleviation Programme (NPAP) in Mongolia in Estrella et al. Learning from Change: Issues and experiences in participatory monitoring and evaluation. Intermediate Technology publications: London.

Goffee, R. & Gareth, J. (1998). *The character of a corporation: How your company's culture can make or break your business*. New York: Harper Business.

Goh, S. C. (1998). Toward a learning organization: The strategic building blocks. S*am Advanced Management Journal, 63*(2), 15-22.

Goldstein, H. (1986). Social learning and change. Tavistock Publications New York & London. p.v.

Goltz, S. M., & Hietapelto, A. (2002). Using the operant and strategic contingencies models of power to understand resistance to change. *Journal of Organizational Behavior Management, 22*(3), 3-22.

Gomez, C., & Rosen, B. (2001). The leader-member exchange as a link between managerial trust and employee empowerment. *Group and Organization Management, 26*(1), 53-69.

Goodman, S.A. & Svyantek, D.J. (1999). Person–organization fit and contextual performance: do shared values matter? *Journal of Vocational Behavior, 55*(2) 254– 275.

Greenberg, J., & Cropanzano, R. (2001). *Advances in organizational justice.* Stanford, CA: Stanford University Press.

Gregory, B., Stanley, Harris. Achilles, Armenakis, & Christopher, S. (2009). Organizational culture and effectiveness: A study of values, attitudes, and organizational outcomes. *Journal of Business Research, 62*, 673-679.

Grossman, P. L., Wineburg, S., & Woolworth, S. (2000). *The formation of teacher community: Standards for evaluating change.* Paper presented at the annual meeting of the American Educational Research Association, San Diego, CA.

Grossman, P., Wineburg, S., & Woolworth, S. (2001). Toward a theory of teacher community. [Article]. *Teachers College Record, 103*(6), 942-1012.

Grossman, S. J. & Hart, O. D. (1983), an Analysis of the Principal-Agent Problem Econometrica, 51, 1, 7-45.

Grusky, O. (1959). Organizational goals and the behavior of informal leaders The American *Journal of Sociology, 65*, 1, 59-67.

Guijt, I., & Gaventa, J. (1998). Participatory Monitoring & Evaluation. Insitutte of Development Studies (IDS) Policy Briefing Issue 12.

Guth, W. D. & MacMillan, I. C. (1986). Strategy implementation versus middle manager self-interest. *Strategic Management Journal, 7*(4), 313-27.

Guthrie, J. W., & Reed, R. J. (1991). *Education administration and policy and effective leadership for American education*. Boston, MA: Allyn & Bacon.

Hackman, R. J., & Oldham, G. R. (1976). Motivation through the design of work: Test of a theory. *Organizational Behavior and Human Performance, 16*, 250-279.

Hackman, R. J., & Oldham, G. R. (1980). *Work Design. Reading*, MS: Addison-Wesley.

Halkos, G. (2012). *Importance and influence of organizational changes on companies and their employees*. Retrieve from https://mpra.ub.uni-muenchen.de/36811/1/MPRA_paper_36811.pdf

Hallahan, K., Holtzhausen, D., van Ruler, B. Vercic, D. & Sriramesh, K. (2007). Defining strategic communication. *International journal of strategic communication, 1*(1), 3-35.

Haman, M. & Putnam, L.L. (2008). *In the gym: pressure and emotional management among co-workers*, in: S. Fineman (Ed), The Emotional Organization: Passions and Power, 1-73. (Oxford: Blackwell).

Hambrick, D. C., Canney, D. S., Snell, S. A., & Snow, C. C. (1988). When groups consist of multiple nationalities: Towards a new understanding of the implications, *Organizational Studies, 19*, 181-205.

Handgraaf, M. J., Van Lidth de Jeude, M. A., & Appelt, K. C. (2013). Public praise vs. private pay: Effects of rewards on energy conservation in the workplace. *Ecological Economics, 86*, 86-92.

Hansen, M. (2012). *Ten ways to get people to change*. Retriene from http://blogs.hbr.org/cs/2012/09/ten_ways_to_get_people_to_chan.html

Harlos, K.P. & Pinder, C.C. (2000). Emotion and injustice in the workplace, in: S. Fineman (Ed), *Emotions in Organizations, Volume 2*, 1-24. (London: Sage Publications).

175

Harris, L. C., & Crane, A. (2002). The greening of organizational culture: Management views on the depth, degree and diffusion of change. *Journal of Organizational Change Management, 15*, 214-234.

Harris, L. C., & Ogbonna, E. (1998). Employee responses to cultural change. *Human Resource Management Journal, 8*, 78–92.

Harris, S.G. & Mossholder, K.W. (1996). The affective implications of perceived congruence with culture dimensions during organizational transformation, *Journal of Management, 22*, 527-47.

Hartley, J., Jacobson, D., Klandermans, B., & Van Vuuren, T. (1991). *Job Insecurity: Coping with Jobs at Risk*. London: Sage

Hatch, M.J. (1997). *Organization Theory: Modern, Symbolic and Postmodern Perspectives*. New York: Oxford University Press.

Havenman, H. A., Russo, M. v., & Meyer, A. D. (2001). Organizational environments in Flux: the impact for regulatory punctuations on organizational domains, CEO succession, and performance. *Organization Science, 12*, 253-273.

Heaney, C. A., Israel, B. A., & House, J. S. (1994). Chronic job insecurity among automobile workers: Effects on job satisfaction and health. *Social Science & Medicine, 38*, 1431-1437.

Heide, M., Johansson, C. & Simonsson, C. (2005) Kommunikation & organisation. [Communication and organization] Malmö: Liber.

Heijden, A. V. D., Cramer, J. M., & Driessen, P. P. J. (2012). Change agent sensemaking for sustainability in a multinational subsidiary. *Journal of Organizational Change Management, 25*, 535-559.

Heller, F., Drenth, P., & Rus, V. (1988). *Decision in organizations: A three country comparative study*. London: Sage.

Heritage, J., Clayman, S. (2010). Talk in action. Interactions, identities, and institutions. Wiley Blackwell.

Herscovitch, L. & Meyer, J.P. (2002). Commitment to organizational change: Extension of a three-component model, *Journal of Applied Psychology, 87*(3), 474-487.

Hiatt, J. (2006). ADKAR: a model for change in business, government, and our community.

Higgs, M. & Deborah, R. (2010). Emperors with clothes on: The role of self-awareness in developing effective change leadership. *Journal of Change Management, 10*, 369-385.

Hill, C. W. L. & Jones, M. T. (1992). Stakeholder-Agency Theory. *The Journal of Management Studies, 29*, 131-155.

Hindi, N. M., Miller, D. S. & Catt, S. E. (2004). Communication and miscommunication in corporate America: Evidence from fortune 200 firms. *Journal of Organizational Culture, Communications and Conflict, 8*(2), 13-26.

Hochschild, A.R. (1983). The Managed Heart (Los Angeles: University of California Press).

Hofstede, G. (2011). Dimensionalizing Cultures: The hofstede model in context, *Online Readings in Psychology and Culture, 2*(8), 1-26.

Hoggan, C. D. (2016). Transformative learning as a metatheory: Definition, criteria, and typology. *Adult Education Quarterly, 66*(1), 57-75.

Holt, D. T., Self, D. R., Thal, A. E. Jr., & Lo, S. W. (2003). Facilitating organizational change: A test of leadership strategies. *Leadership and Organizational Development Journal, 24*(5), 262-272.

Howard-Grenville, J. A. (2006). Inside the "Black Box": How Organizational Culture and Subcultures Inform Interpretations and Actions on Environmental Issues. *Organization & Environment, 19,* 46-73.

Huber, G.P., (1993). *Understanding and predicting organizational change quoted* in Huber, G.P., Glick, W.H. (eds.) (1993) Organizational change and redesign: ideas and insights for improving performance. New York: Oxford University Press, p. 215-254.

Husain, Z. (2013). Effective communication brings successful organizational change. *The Business & Management Review, 3*(2), 43-50.

Huselid, M. (1995). The impact of human resource management practices on turnover, productivity, and corporate financial performance. *Academy of Management Journal, 38*, 635–672.

Huy, Q.N. (1999). Emotional capability, emotional intelligence and radical change, *Academy of Management Review, 24*(2), 325-345.

Hyo-Sook, K. (2003). Internal communication as antecedents of employee organization relationship in the context of organizational justice: A multilevel analysis. Asian Journal of Communication. Available at: http://www.amic.org.sg/ajvc13n2.html.

Ihlen, O. & Verhoeven, P. (2015). *Social theories for strategic communication. The Routledge handbook of strategic communication.* New York: Routledge.

Jacobsen, D.I., & Thorsvik, J. (2002). *Hvordan organisasjoner fungerer*. Bergen: Bokforlaget.

James, G. M. (1962). The Business Firm as a Political Coalition. *The Journal of Politics, 24*, 662-678.

Jennings, P. D., & Zandbergen, P. A. (1995). Ecologically Sustainable Organizations: An Institutional Approach. Academy of Management Review, 20, 1015–1052.

Johnson, B. (1994). *Polarity management: Identifying and managing unsolvable problems.* Amherst, MA: HRD Press.

Johnsson, C. (2007). Research on organizational communication- The case of Sweden. *Nordicom Review 28*(1), 93-110.

Johnston, K. & Everett, J. (2015). *Cultural influences on strategic communication. The Routledge handbook of strategic communication.* New York: Routledge.

Jones, G. R. (2004). *Organization theory, design and change.* New York: Addison-Wesley Publishing Company.

Jones, G., & George, J. (1998). The experience and evolution of trust: implications for cooperation and teamwork. *Academy of Management Review, 23*(3), 531-546.

Jordan, A. (2003). *Business anthropology.* Prospect Heights, IL: Waveland

Jordan, P.J., Ashkanasy, N.M., Härtel, C.E.J. & Hooper, G.S. (2002). Workgroup emotional intelligence: scale development and relationship to team process effectiveness and goal focus, *Human Resource Management Review, 12*(2), 195-214.

Judge, T. A., Thoresen, C. J., Pucik, V., & Welbourne, T. M. (1999). Managerial coping with organizational change: A dispositional perspective. *Journal of Applied Psychology, 84*(1), 107-122.

Kalla, H. K. (2005). Integrated internal communications: A multidisciplinary perspective. *Corporate Communications: An international Journal, 10*(4), 302-314.

Kanter, R. M. (1983). *The change masters.* New York: Simon & Schuster.

Kanter, R. M. (2010). *Five tips for leading campaigns for change.* Retrieve from http://blogs.hbr.org/kanter/2010/05/five-tips-for-leading-campaign.html

Kanter, R. M., Stein, B. A., & Jick. T. D. (1992). *The Challenge of Organizational Change; How Companies Experience It and Leaders Guide It.* New York: The Free Press.

Keen, P. G. W. (1981). Information System and Organizational Change. *Communications of the ACM, 24*(1), 24-34.

Kets de Vries, M. F. R., & Balazs, K. (1997). The downside of downsizing. *Human Relations, 50,* 11-50.

Kitchen, P, J. & Daly. F. (2002). Internal communication during change management. *Corporate Communications: An International Journal, 15*(2), 169-83.

Kitchenham, A. (2008). The Evolution of John Mezirow's Transformative Learning Theory. *Journal of Transformative Education, 6*(2), 104-123.

Klein, S. M. (1996). A management communication strategy for change. *Journal of Organizational Change Management, 9(*2), 1-12.

Kompier, M. (2003). *Job Design and well-being.* In M. J. Schabracq, J. A. M. Winnubst, & C. L. Cooper (Eds). *The Handbook of Work & Health Psychology.* West Sussex: Wiley.

Konovsky, M., & Folger, R. (1987). Relative effects of procedural and distributive justice on employee attitudes. *Representative Research in Social Psychology, 17,* 15-24.

Kopelman, R. E., Brief, A. P., & Guzzo, R. A. (1990). *The Role of Climate and Culture in Productivity.* In Organizational Climate and Culture (pp. 282-318). San Francisco: Jossey -Bass.

Korsgaard, M.A., Schweiger, D. & Sapienza, H. (1995). Building commitment, attachment and trust in strategic decision-making teams: the role of procedural justice. *Academy of Management Journal, 38*(1), 60-84.

Koschmann, M. (2012). W*hat is organizational communication?* Retrieve from
https://static.secure.website/wscfus/8397663/uploads/what_is_organizational
_communication.pdf

Kotler, P. (1999). *Kotler on Marketing: How to create, win, and dominate
markets*. The Free Press. New York.

Kotter J. (1995). *Leading change*. Boston: Harvard Business School Press

Kotter, J. (2012). *Corporate culture and performance*. New York: Free press.

Kotter, J. P. & Schlesinger, L. A. (1979). Choosing strategies for change. *Harvard
Business Review, 57,* 106-115.

Kotter, J. P. (1995). Leading Change: Why Transformation Efforts Fail. *Harvard
Business Review, 73*, 59-67.

Kotter, J. P. (1996). *Leading change*. Boston: Harvard Business School Press.

Kotter, J. P. (1995). Leading change: Why transformation efforts fail. Harvard
Business Review, M-Aprial, 1-10.

Kreitner, R. (1992). *Management (5th ed.)*. Boston: Houghton Mifflin.

Kreps, G. L. (1990). *Organizational communication (2nd Ed.).* United Kingdom:
Longman.

Kroth, M. (2007). *The manager as motivator*. Westport: Praeger.

Kubr, M. (1992). Management consulting. Manualul consultantului în
management, AMCOR, București.

Kunda, G. & van Maanen, J. (1999). Changing scripts at work: managers and
professionals, *The Annals of the American Academy, 561*, 64-80.

Kurt, L. (1945). The Research Center for Group Dynamics at Massachusetts
Institute of Technology. *Sociometry, 8*, 126-136.

Lamm, S. L. (2000). The connection between action reflection learning and
transformative learning: An awakening of human qualities in leadership.

Unpublised doctoral dissertation, Teacher College, Columbia University. UMI Number: 9959343.

Larkin, T., & Larkin, S. (1996). Reaching and changing frontline employees. Harvard Business Review, May-June, 95-104.

Larsen, R. J., & Ketelaar, T. (1991). Personality and susceptibility to positive and negative emotional states. *Journal of Personality and Social Psychology, 61*(1), 132-140.

Larwood, L., Falbe, C. M., Kriger, M. P., & Miesing, P. (1995). Structure and meaning of organizational vision. *Academy of Management Journal, 38*, 740-769.

Latour, B. (1999). *Pandora's Hope. Essays on the Reality of Science Studies.* Cambridge, MA, Harvard University Press.

Lau, C.-M., & Woodman, R. W. (1995). Understanding organizational change: A schematic perspective. *Academy of Management Journal, 38*(2), 537-554.

Lave, J., & Wenger, E. (1991). *Situated learning: Legitimate peripheral participation.* Cambridge, UK: Cambridge University Press.

Lawrence, A., Eid, M., & Montenegro, O (1997). Learning about participation: Developing a process for soil and water conservation in Bolivia, AERDD Working Ppaper 97/10, University of Reading.

Lawrence, P. R. (1986). How to deal with resistance to change. *Harvard Business Review, 64*(2), 199-200.

Lazlo, C., & Zhexembayeva, N. (2011). *Embedded Sustainability: The next big competitive advantage.* Sheffield, UK: Greenleaf Publishng.

Leavitt, H.J. (1965) Applying organizational change in industry: Structural, technological and humanistic approaches. Handbook of Organizations, J.G. March, Ed. Rand McNaily, Chicago, IlL.

Lee, M. P. (2011). Configuration of external influences: The combined effects of institutions and stakeholders on corporate social responsibility strategies. *Journal of Business Ethics, 102*, 281-298.

Legge, K (1995). *Human Resource Management − The Rhetorics, The Realities, 2nd ed*, London: Macmillan.

Lewin K. (1951). *Field theory in social science*. New York: Harper and Row.

Lewin, K. (1947). Frontiers in Group Dynamics: Concept, Method and Reality in Social Science; Social Equilibria and Social Change. *Human Relations, 11*, 5-41.

Lewis, K.M. (2000). When leaders display emotion: how followers respond to negative emotional expression of male and female leaders, *Journal of Organizational Behavior, 21*(2), 221-234.

Lewis, L. K. (1999). Disseminating information and soliciting input during planned organisational change: Implementers' targets, sources, and channels for communicating. *Management Communication Quarterly, 13*(1), 43-75.

Lewis, L. K. (2000). Communicating change: Four cases of quality programs. *Journal of Business Communication, 37*, 128-155.

Liberatore, M., Hatchuel A., Weil B., Stylianou A. (2000). An organizational change perspective on the value of modeling, European. *Journal of Operational Research, 125*, 184-194.

Lind, E., & Tyler, T. (1988). *The social psychology of procedural justice*. New York: Plenum.

Lines, R. (2004). Influence of participation in strategic change: resistance, organizational commitment and change goal achievement, *Journal of Change Management, 4*(3) 193-215,

Linnenluecke, M. K., & Griffiths, A. (2010). Corporate sustainability and organizational culture. *Journal of World Business, 45*, 357-366.

Linnenluecke, M. K., Russell, S. V., & Griffi, A. (2009). Subcultures and Sustainability Practices: The Impact on Understanding Corporate Sustainability. *Business Strategy & the Environment, 452*, 432-452.

Loi, R., Hang-yue, N. & Foley, S. (2006). Linking employees' justice perceptions to organizational commitment and intention to leave: the mediating role of perceived organizational support, *Journal of Occupational and Organizational Psychology, 79*(1), 101-120.

Louis, K. S. (2006). *Organizing for School Change*. London: Routledge.

Lucas, R. E., Diener, E., Grob, A., Suh, E. M., & Shao, L. (2000). Cross-cultural evidence for the fundamental features of extraversion. *Journal of Personality and Social Psychology, 79*(3), 452-468.

Luecke, R. (2003). *Managing Change and Transition*. Boston, MA: Harvard Business School Press.

Mabin, L. & Forgeson, E. (2001) Harnessing resistance: using the theory of constraints to assist change management, *Journal of European Industrial Training 25*, 168-187

Macey, W. H., & Schneider, B. (2008). The Meaning of Employee Engagement. *Industrial and Organizational Psychology, 1*, 3-30.

MacGillivray, A., Weston, C., & Unsworth, C. (1998). *Communities count! A step-by-step guide to community sustainability indicitors*. London: New Economics Foundation.

Macri, D. M., Tagliaventi, M. R., & Bertolotti, F. (2002). A grounded theory for resistance to change in a small organization. *Journal of Organizational Change Management, 15*(3), 292-310.

Madsen, S. R., Miller, D. & John, C. R. (2005). Readiness for organizational change: Do organizational commitment and social relationship in the workplace make a difference? *Human Resource Development Quarterly, 16*, 213-233.

Malcolm, N. & John, P. (2013). The Ethics of Intercultural Communication. *Educational Philosophy and Theory, 45*（10）1005–1017.

Malmelin, N. (2007), Communication capital. *Corporate Communications: An International Journal, 12* (3), 298-310.

Mann, S. (1999) Hiding what we feel, faking what we don't (Shaftesbury, UK: Element Books).

Marcus, E.C. (2000). *Change Processes and Conflic*t. In M. Deutsch, & P. T. Coleman. (Eds.), The Handbook of Conflict Resolution (pp. 366-381). San Francisco: Jossey- Bass Publishers.

Martin, G. (2006). Managing People and Organizations in Changing Contexts. Great Britain: Butterworth Heinemann Publishers

Martin, J., Knopoff, K. & Beckman, C. (1998). An alternative to bureaucratic impersonality and bounded emotionality at The Body Shop, *Administrative Science Quarterly, 4*(2), 429-469.

Masterson, S.S., Lewis, K., Goldman, B.M. & Taylor, M.S. (2000). Integrating justice and social exchange: the differing effects of fair procedures and treatment on work relationships, *Academy of Management Journal, 43*(4), 738-748.

Mayer, J.D. & Salovey, P. (1997). *What is emotional intelligence?* In: P. Salovey and D.J. Sluyter (eds.), Emotional Development and Emotional Intelligence: Educational Implications, 3-31 (New York: Basic Books).

Mayer, R. C., Davis, J. H., & Schoorman, F. D. (1995). An integrative model of organizational trust. *Academy of Management Review, 20*(3), 709-734.

McCrae, R. R., & Costa, P. T. (1991). Adding liebe und arbeit: The full five-factor model and well-being. *Personality and Social Psychology Bulletin, 17*(2), 227 -232.

McGarvey, d. (2014). *Organizational change: A guide to bringing everyone on board.* Retrieve from https://oneill.indiana.edu/doc/undergraduate/ugrd_thesis2014_mgmt_mourfie ld.pdf

McLennan, R. (1989). *Managing Organizational Change. Englewood Cliffs*, NY: Prentice Hall.

McMakin, A. H., Malone, E., & Lundgren, R. E. (2002). Motivating residents to conserve energy without financial incentives. *Environment and Behavior, 34*, 848-863.

McMurry, R. N. (1947). The problem of resistance to change in industry. *Journal of Applied Psychology, 31*, 589-598.

Menges, J.I. & Bruch, H. (2009). Organizational emotional intelligence: an empirical study, in: C.E.J. Hartel, N.M. Ashkanasy and W.J. Zerbe (Eds), Research on Emotion in Organizations, Vol. 5, Emotions in Groups, Organizations and Cultures, 181-209.   (Bingley, UK: Emerald Group Publishing).

Merrell, P. (2012). Effective change management: The simple truth. Management Services Summer, 20-23.

Merron, K. (1993). Let's bury the term resistance. *Organization Development Journal, 11*(4), 77-6.

Meyer, J. P., & Allen, N. J. (1997). *Commitment in the workplace: Theory, research and Application.* California: Sage.

Meyer, J., Tracy, H., Harjinder, G., & Laryssa, T. (2010). Person-organization (Culture) fit and employee commitment under conditions of organizational change: A longitudinal study. *Journal of Vocational Behavior, 76,* 458-473.

Mezirow, J. (1981). A critical theory of adult learning and education. *Adult Education Quaterly, 32*(1), 3-24.

Mezirow, J. (1991). *Transformative dimensions of adult learning.* San Francisco, CA. Jossey-Bass.

Mezirow, J. (1995). *Transformation theory of adult learning.* In M. R. Welton (Ed.), in defense of the lifeworld-critical perspectives on adult learning. New York, NY: State university of New York Press.

Mezirow, J. (1997). Transformative learning: Theory to practice. *New Directions for Adult & Continuing Education, 74,* 5-12.

Mezirow, J. (1998). On Critical Reflection. *Adult Education Quarterly, 48*(3), 185-198.

Mezirow, J. (2000). *Learning as transformation: Critical perspectives on a theory in progress.* San Francisco, CA: John Wiley & Sons.

Mezirow, J. (2000). *Learning to Think Like an Adult: Core Concepts of Transformation Theory.* In J. Mezirow, and Associates (Eds.), Learning as Transformation: Critical Perspectives on a Theory in Progress. (pp. 3-34). San Francisco: Josses-Bass.

Mezirow, J. (2006). *An overview on transformative learning.* In J. Crowther & P. Sutherland (Eds.), Lifelong learn: Concepts and contexts (pp. 24-38). London, England: Routledge.

Middlemist, R. D., & Hitt, M. A. (1988). *Organizational behavior: Managerial strategies for performance.* St. Paul, MN: West Publishing.

Millar, C., Hind, P., & Magala, S. (2012). Sustainability and the need for change: Organisational change and transformational vision. *Journal of Organizational Change Management, 25,* 489-500.

Miller, D. (2002). Successful change leaders: What makes them? What do they do that is different? *Journal of Change Management, 2,* 359-368.

Miller, V. D., Johnson, J. R., & Grau, J. (1994). Antecedents to willingness to participate in a planned organizational change. *Journal of Applied Communication Research, 22*(1), 59-80.

Mintzberg. H, Ahlstrand. B, & Lampel. J (1998). Strategy Safari: A Guided Tour through the Wilds of Strategic Mangament, the Free Press, New York. 324.

Mishra, A. K., & Mishra, K. E. (2005). *Trust from near and far: Organizational commitment and turnover in franchisebased organizations.* Presented at the 65th annual meeting of the Academy of Management, Honolulu, Hawaii.

Mohr, L. B. (1973). The Concept of Organizational Goal the American Political. *Science Review, 67*(2), 470-481.

Morgan, G. (1997). *Images of Organization,* Sage, Thousand Oaks, CA

Morrison, E. W., & Milliken, F. J. (2000). Organizational silence: A barrier to change and development in a pluralistic world. *Academy of Management Review, 25,* 706-725.

Mumby, D. (2012). *Organizational communication: a critical approach.* Thousand Oaks: Sage Publications.

Munduate, L., & Dorado, M. A. (1998). Supervisor power bases, co-operative behaviour, and organizational commitment. *European Journal of Work and Organizational Psychology, 7*(2), 163-177.

Murphy, P. (2015). *Contextual distortion: strategic communication versus the networked nature of nearly everything. The Routledge handbook of strategic communication.* New York: Routledge.

Musselwhite, C. & Tammie, P. (2011). *Communicating change as business as usual*. Retrieve from http:// blogs.hbr.org/cs/2011/07/communicating_change_as_ busine.html

Naumann, S.E., Bennett, N., Bies, R.J. & Martin, C.L. (1998). Laid off but still loyal: the influence of perceived justice and organizational support, *International Journal of Conflict Management, 9*(4), 356-368.

Newton, T. I. M., & Harte, G. (1997). Green business: technicist kitsch? *Journal of Management Studies, 34*, 75-98.

Niehoff, B. P., Enz, C., & Grover, R. A. (1990). The impact of top-management actions on employee attitudes and perceptions. *Group & Organization Studies, 15*(3)337–352.

Nilsson, A., von Borgstede, C., & Biel, A. (2004). Willingness to accept climate change strategies: The effect of values and norms. *Journal of Environmental Psychology, 24*, 267-277.

Nord, W. R., & Jermier, J. M. (1994). Overcoming resistance to resistance: Insights from a study of the shadows. *Public Administration Quarterly, 17*(4), 396.

Nutt, P. (2002). *Why Decisions Fail: Avoiding the Blunders and Traps That Lead to Debacles*, San Francisco, CA: Berrett-Koehler Publishers

Nutt, P. C. (1986). Tactics of implementation. *Academy of Management Journal, 29*(2), 230–261.

O'Donnell, O. & Boyle, R. (2008). *Understanding and managing organisational culture*. Retrieve from https://www.ipa.ie/_fileUpload/Documents/CPMR_DP_40_Understanding_ Managing_Org_Culture.pdf

Oden, H.W., (1999). Transforming the organization: A Socio-Technical Approach. Greenwood Publishing Group, 3-9.

Organization for Economic Co-operation and Development (2005). *Forum on Education and Social Cohesion*, Dublin, May 18. Retrieved from http://www.math.org.cn/forums/index.php?showtopic=38690-25k

Ones, D. S., & Dilchert, S. (2010). *A taxonomy of green behaviours among employees. Shades of green: Individual differences in environmentally responsible employee behaviours*. Paper presented at the symposium conducted at the annual conference of the society for Industrial and Organizational Psychology, Atlanta, Georgia.

Ones, D. S., & Dilchert, S. (2012). Environmental Sustainability at Work: A Call to Action. Industrial and Organizational Psychology. *Perspectives on Science and Practice, 5*, 503-511.

Ones, D. S., & Dilchert, S. (2012). Environmental Sustainability at Work: A Call to Action. Industrial and Organizational Psychology. *Perspectives on Science and Practice, 5*, 503-511.

Ones, D. S., Dilchert, S., Biga, A., & Gibby, R. E. (2010). *Managerial level differences in eco-friendly employee behaviors*. Paper presented at the Annual Conference of the Society for Industrial and Organizational Psychology, Atlanta, Georgia.

Oreg, S. (2003). Resistance to change: Developing an individual differences measure. *Journal of Applied Psychology, 88*(4), 587-604.

Oreg, S. (2006). Personality, context, and resistance to organizational change. *European Journal of Work and Organizational Psychology, 15* (1), 73-101.

Ortiz, M. E. & Crowther, D. (2008). Is disclosure the right way to comply with stakeholders? *The Shell case. Business Ethics: A European Review, 17*, 1323.

Osbaldiston, R., & Schott, J. P. (2012). Environmental Sustainability and Behavioral Science. *Environment and Behavior, 44*, 257-299.

190

Parachini,L.& Mott,M.(1997).Strengthening community voices in police reform: Community-based monitiorinf,learning and action strategies for an era   of development and chang. A special report for Annie E Casey Foundation(draft).

Parker, G.M. (1990). *Team players and teamwork: The new competitive business strategy*. San Francisco: Jossey-Bass.

Parker, S. K., Chmiel, N., & Wall, T. D. (1997). Work characteristics and employee well-being within a context of strategic downsizing. *Journal of Occupational Health Psychology, 4*, 289-303.

Pasmore, W. A. (1994). *Creating strategic change: Designing the flexible, high performing organization.* New York: Wiley.

Pellettiere, V. (2006). Organization self-assessment to determine the readiness and risk for a Planned Change. *Organization Development Journal, 24*, 38-43.

Perkins, D. D., Bess,K. D. D., Cooper, G., Jones, D., Armstead L. T. & Speer, P. W. (2007). Community organizational learning: Case studies illustrating a three-dimensional model of levels and orders of change. *Journal of Community Psychology, 35*, 303-328.

Pettigrew, A.M. (ed.), Whittington, R., Melin, L., Sanchez-Runde, C., Van den Bosch, F.A.J., Ruignok, W. and Numagami, T. (2003). Innovative forms of Organising, London: Sage Publications.

Pfeffer, J. (1998). *The Human Equation.* Bosten, MA: Harvard Business School Press.

Phattanacheewapul, A., & P. Ussahawanitchakit (2008). Organizational justice versus organizational support: The driven-factors of employee satisfaction and employee commitment on job performance. *Journal of Academy of Business and Economics, 8*(2), 114-123.

191

Piderit, S. K. (2000). Rethinking resistance and recognizing ambivalence: A multidimensional view of attitudes toward an organizational change. *Academy of Management Review, 25*(4), 783-794.

Pizer, M.K. & Härtel, C.E.J. (2005). For better or for worse: organizational culture and emotions, in C.E.J. Härtel, W.F. Zerbe and N.M. Ashkanasy (eds), Emotions in Organizational Behaviour, 335-354 (Mahwah, NJ: Lawrence Erlbaum Associates).

PMI(2014). *Enabling organizational change through strategic Initiatives.* Retrieve from https://www.pmi.org/-/media/pmi/documents/public/pdf/learning/thought-leadership/pulse/organizational-change-management.pdf?v=9f952c9b-b16a-4a35-ade6-a3d0450071af&sc_lang_temp=en

Porras, J. I., & Silvers, R. C. (1991). Organization development and transformation. *Annual Review Psychology, 42*, 51-78.

Post, J. E., & Altman, B. W. (1994). Managing the Environmental Change Process: Barriers and Opportunities. *Journal of Organizational Change Management, 7*, 64-81.

Postmes, T., Tanis, M., & de Wit, B. (2001). Communication and commitment in organisations: A social identity approach. *Group Processes and Intergroup Relations, 4*(3), 207-226.

Postmes, T., Tanis, M., & de Wit, B. (2001). Communication and commitment in organisations: A social identity approach. *Group Processes and Intergroup Relations, 4*(3), 207-226.

Probst, T. M. (2003). Exploring employee outcomes of organizational restructuring: A Solomon four-group study. *Group and Organization Management, 28*(3), 416-439.

Quattrone, P. & Hoppe, T. (2001). What does organizational change mean? Speculations on a taken for granted. *Management Accounting Research, 12*, 403-435.

Quattrone, P. and Hopper, T. M. (2000a). *A Time-Space Odyssey: Management Control Systems in Multinational Organisations,* paper presented at The Second Conference on New Directions in Management Accounting: Innovations in Practice and Research, Bruxelles, Belgium, December.

Quattrone, P. and Hopper, T. M. (2000b). If I Don't see it I Cannot Manage it: the Quasi- Ontology of SAP. 'Translations' and Boundary-Making in Multinational Organisations, paper presented at the 24th European Accounting Association, Athens.

Quattrone, P. and Tagoe, N. (1997). A-centred organisations: beyond multi-rationality, towardspoly-rationality, Proceedings of the EIASM Workshop on 'Organising in a Multi-Voiced World: Social Construction, Innovation and Organisational Change', Leuven, Belgium, June.

Rafaeli, A. & Sutton, R.I. (1990). Busy stores and demanding customers: how do they affect the display of positive emotion? *Academy of Management Journal, 3*(3), 623-637.

Ramus, C. A. (2001). Organizational support for employees: Encouraging creative ideas for environmental sustainability. *California Management Review, 43*, 85-105.

Ramus, C. A. (2002). Encouraging innovative environmental actions: What companies and managers must do? *Journal of World Business, 37*, 151-164.

Ramus, C. A., & Steger, U. (2000). The Roles of Supervisory Support Behaviors and Environmental Policy in Employee "Ecoinitiatives" at Leading-Edge European Companies. *The Academy of Management Journal, 43*, 605-626.

Ravanfar, M. M. (2015). Analyzing Organizational Structure Based on 7s Model of Mckinsey. *Global Journal of Management and Business Research: A Administration and Management, 15*(10), 6-12.

Reim, W., Parida, V., & Örtqvist, D. (2015). Product–Service Systems (PSS) business models and tactics–a systematic literature review. *Journal of Cleaner Production, 97*, 61-75.

Renwick, D. W. S., Redman, T., & Maguire, S. (2013). Green Human Resource Management: A Review and Research Agenda. *International Journal of Management Reviews, 15*, 1-14.

Rieley, J. B., & Clarkson, I. (2001). The impact of change on management. *Journal of Change Management, 2,* 160-172.

Riley, P. (1983). A structurationist account of political culture. *Administrative Science Quarterly, 28*, 414–437.

Risher, H. (2003). Tapping unused employee capabilities. *Public Manager, 32*(5), 34–38.

Robbins, S. P. (1991). *Organizational behavior: Concepts, controversies, and applications* (2nd ed.). Englewood Cliffs, NJ: Prentice Hall.

Robbins, S. P. (2001), Organizational Behaviour, Edition 9th, Pearson Education, India.

Robbins, T. L., Summers, T. P., & Miller, J. L. (2000). Intra- and inter-justice relationships: Assessing the direction. *Human Relations, 53*(10), 1329-1355.

Roberts, S.M., & Pruitt, E. Z. (2003). *School as Professional Learning Community: Collaborative Activities and Strategies for Professional Development.* US: Sage Publications.

Robertson, J. L., & Barling, J. (2013). Greening organizations through leaders' influence on employees' pro-environmental behaviors. *Journal of Organizational Behavior, 34*, 176-194.

Robertson, P. J., Roberts, D. R., & Porras, J. I. (1993). Dynamics of planned organizational change: Assessing empirical support for a theoretical model. *Academy of Management Journal, 36*(3), 619-34.

Roche, C. (1999).*Impact Assessment for Development Agencies: Learning to Value Change.*Oxfam GB.

Romer, P, M. (1986). Increasing Returns and Long-Run Growth. *Journal of Political Economy, 94*(5), 1002-1037.

Romer, P, M. (1990). Endogenous Technological Change. *Journal of Polit ical Economy, 98*(5), s71-s102.

Rosabeth, M., K., Barry, A. S., Todd, D. J. & Rosemary, W. (1993). The Challenge of Organizational Change: How Companies Experience It and Leaders Guide It. *Contemporary Sociology: An International Journal of Reviews, 22*, 718-719.

Rosenblatt, Z., Talmud, I., & Ruvio, A. (1999). A gender-based framework of the experience of job insecurity and its effects on work attitudes. *European Journal of Work and Organizational Psychology, 8*(2), 197-217.

Rothenberg, S. (2003). Knowledge Content and Worker Participation in Environmental Management at NUMMI. *Journal of Management Studies, 40*, 1783-1802.

Rubin,J.(1995).Can particitory evaluation meet the needs of all stakeholds: A case study:Evaluating the world neighbors West Africa Program. Dicussing Paper, World Neighbors.

Rudisill, J.R. & Edwards, J.M. (2002). Coping with job transitions, Consulting Psychology *Journal: Practice and Research, 54*(1), 55-64.

Rudqvist,A.& Woodford-Berger,P.(1996).Evaluation and participation: Some lessons. Swedish International Development Cooperation Agency,Stochholm, Sweden.

195

Rush, M. C., Schoel, W. A., & Barnard, S. M. (1995). Psychological resiliency in the public sector: Hardiness and pressure for change. *Journal of Vocational Behavior, 46*(1), 17-39.

Russell, S.V., & McIntosh, M. (2011). Organizational Change for Sustainability. In N. M. Ashkanasy, C. P. M. Wilderom & M. F. Peterson (Eds.), Handbook of Organizational Culture & Climate (2nd ed.). Sage.

Ryan, R. M., & Deci, E. L. (2000). Self-determination theory and the facilitation of intrinsic motivation, social development, and well-being. The American Psychologist, 55(1), 68-78.

Sackman, S. A. (1992). Culture: The missing concept in organization studies. Administrative Science Quarterly, 41, 229-240.

Saksvik, P. Ø., & Nytrø, K. (2006). Ny personalpsykologi for et arbeidsliv i endring: Nye perspektiver på samspillet organisasjon og menneske. Oslo: Cappelen Akademisk Forlag.

Samovar, L.A.(1996). Intercultural Communication. A Reader. Wadsworth, Belmont, CA.

Sandy, K. P. (2000). Rethinking Resistance and Recognizing Ambivalence: A Multidimensional View of Attitudes toward an Organizational Change. Academy of Management Review, 25(4), 783-794.

Saunders, W. L. (1992). The constructivist perspective: Implications and teaching strategies for science. *School Science and Mathematics, 92*, (3), 136-141.

Schabracq, M. J. (2003). Organizational culture, stress and change. In M. J. Schabracq, J. A. M. Winnubst, & C. L. Cooper (Eds). The Handbook of Work & Health Psychology. West Sussex: Wiley.

Schabracq, M. J., Cooper, C. L., & Winnubst (2003). Epilogue. In M. J. Schabracq, J. A. M. Winnubst, & C. L. Cooper (Eds). The Handbook of Work & Health Psychology. West Sussex: Wiley.

Schein, E. (1990). Organizational culture. American Psychologist, 45, 109-119.

Schein, E. H. (2004). Organizational Culture and Leadership. San Francisco: Jossey-Bass.

Schein, E. H. (2010). Organizational culture and leadership. San Francisco: Jossey Bass.

Schein, H. E. (2002). Models and Tools for stability and Change in Human System, Society for Organizational Learning & MIT.

Schneider, B., Ehrhart, M. G., & Macey, W. H. (2013). Organizational climate and culture. Annual Review of Psychology, 64, 361-388.

Schweiger, D. M., & DeNisi, A. S. (1991). Communication with employees following a merger: A longitudi. Academy of Management Journal, 34(1), 110-135.

Schweiger, D. M., & Denisi, A. S. (1991). Communication with Employees Following a Merger: A Longitudinal Field Experiment. Academy of Management Journal, 34, 110-135.

Scott,W. R. (1995). Institutions and Organizations, London, Sage.

Segerstrom, C. S.& Solberg, N. L. (2006). When goals conflict but people prosper: The case of dispositional optimism. Journal of Research in Personality 40 (2006), 675–693.

Sergionvanni, T. J. (2002). *Leadership: What is in it for school?* New York: Routledge.

Şeitan1, R. (2017). Organizational discourses - A literature review. AUDC, 11, 119-134.

Sekerka, L. E., & Stimel, D. (2011). How durable is sustainable enterprise? Ecological sustainability meets the reality of tough economic times. Business Horizons, 54, 115-124.

Self, C. (2015). Dewey, the public sphere, and strategic communication. The Routledge handbook of strategic communication. New York: Routledge.

Senge, P. M. (1990). The Fifth Discipline. London: Century Learning.

Senge, P. (1994). *The fifth discipline fieldbook: Strategies and tools for building a learning organization.* New York: Doubleday.

Sharma, S. (1999). Managerial Interpretations and Organizational Context as Predictors of Corporate Choice of Environmental Strategy. Academy of Management Journal, 43, 681-697.

Sheppard, B.H., Lewicki, R.J. & Minton, J.W. (1992). Organizational Justice: The Search for Fairness in the Workplace. New York: Lexington Books.

Shin, J. M., Susan, T., & Myeong-Gu. S. (2012). Resources for change: The relationships of organizational inducements and psychological resilience to employees'attitudes and behaviors toward organizational change. Academy of Management Journal, 55, 727-748.

Siero, F. W., Bakker, A. B., Dekker, G. B., & Van Den Burg, M. T. C. (1996). Changing organizational energy consumption behavior through comparative feedback. Journal of Environmental Psychology, 16, 235-246.

Simon, H. A. (1976). Administrative behavior. New York: The Free Press.

Sims, R. R. (2002). Employee involvement is still the key to successfully managing change. In S. J. Sims & R. R. Sims (Eds.), Changing the way we manage change (pp. 33–54). Westport: Quorum Books.

Sinickas, A. (2009). Measuring the right change issues. Strategic Communication Management, 13(5), 11.

Skarlicki, D. P., & Folger, R. (1997). Retaliation in the workplace: The roles of distributive, procedural, and interactional justice. Journal of Applied Psychology, 82(3), 434-443.

Slovic, P. (1972). Information processing, situation specificity, and the generality of risk taking behavior. Journal of Personality and Social Psychology, 22, 128-134.

Slaughter, R. A. (2012). *To see with fresh eyes: Integral futures and the global emergency*. Indooroopilly, Australia: Foresight International.

Smelzer, L. R., & Zener, M. F. (1992). Development of a Model for Announcing Major Layoffs. *Group & Organisation Management: An International Journal, 17*(4), 446-472.

Smircich, L. (1983). Concepts of culture and organizational analysis. *Administrative Science Quarterly, 28*, 339-358.

Smith, H. R., Carroll, A., Watson, H., & Kefalas, A. (1980). *Management: Making organizations perform*. Macmillan Publishing Company.

Spector, B. (2007). *Implementing Organizational Change. Theory and Practice*. New Jersey:Pearson, 37.

Speculand, R. (2005). *Bricks to bridges: Make your strategy come alive*. Singapore: Bridges Business Consultancy Int.

Stanton, R. (2017). *Corporate strategic communication: a general social and economic theory*. London: Palgrave.

Starik, M., & Rands, G. P. (1995). Weaving an Integrated Web: Multilevel and Multisystem Perspectives of Ecologically Sustainable Organizations. *The Academy of Management Review, 20*, 908 – 935.

Stead, E. W., & Stead, J. G. (1994). Can humankind change the economic myth ? Paradigm shifts necessary for ecologically sustainable business. *Journal of Organizational Change Management, 7*, 15-31.

Steg, L., & Vlek, C. (2009). Encouraging pro-environmental behaviour: An integrative review and research agenda. *Journal of Environmental Psychology, 29*, 309-317.

Stewart, G. L., & Manz, C. C. (1997). *Understanding and overcoming supervisor resistance during the transition to employee empowerment*. In R. W. Woodman & W. A. Pasmore (Eds.), Research in organizational change and development (Vol. 10, pp. 169-196). Greenwich, CT: Elsevier Science/JAI Press.

Stoll, L., Bolam, R., McMahon, A., Wallace, M., & Thomas, S. (2006). Professional Learning Communities: A Review of the Literature. *Journal of Educational Change, 7*(4), 221- 258.

Stoughton, A. M., & Ludema, J. (2012). The driving forces of sustainability. *Journal of Organizational Change Management, 25*, 501-517.

Sturdy, A. & Fineman, S. (2001). *Struggles for the control of affect: resistance as politics and emotion*, in: A. Sturdy, I. Grugulis and H. Willmott (eds), Customer Service; Empowerment and Entrapment, 135-156 (Basingstoke, Hampshire: Palgrave).

Suls, J., Martin, R., & Wheeler, L. (2002). Social Comparison: Why, with whom and with what effect? *Current Directions in Psychological Science, 11*, 159-163.

Sverke, M., Hellgren, J., & Näswall, K. (2002). No security: A meta-analysis and review of job insecurity and its consequence*s. Journal of Occupational Health Psychology, 7*, 242–264.

Taylor E.W. (2017) *Transformative Learning Theory*. In A. aros, T. Fuhr, & E.W. Taylor (Eds.), Transformative Learning Meets Bildung. International Issues in adult Education. Rotterdam, Poland: Sense Publishers.

Taylor, E. W. (1994). Intercultural competency: A transformative learning process. *Adult Education Quarterly, 44*(3), 154-174.

Taylor, E. W. (2000). *Analyzing research on transformative learning theory*. In J. Mezirow & Associates (Eds.), Learning as transformation: Critical perspectives on a theory in progress (pp. 285-328). San Francisco, CA: Jossey-Bass.

Taylor, E. W. (2007). An update of transformative learning theory: A critical review of the empirical research (1999-2005). *International Journal of Lifelong Education, 26*(2), 173-191.

Tellegen, A. (1985). *Structures of mood and personality and their relevance to assessing anxiety, with an emphasis on self-report.* In J. D. Maser & H. A. Tuma (Eds.), Anxiety and the anxiety disorders (pp. 681-706). Hillsdale, NJ: Lawrence Erlbaum Associates, Inc.

Terry, D. J. & Jimmieson, N. L. (1999). Work control and employee wellbeing: A decade review. *International Review of Industrial and Organisational Psychology, 14*(4), 95-148.

Tichy, N. M. (1983). *Managing strategic change: Technical, political, and cultural dynamics.* New York: Wiley.

Todnem, R. (2005). Organizational change management: A critical review. *Journal of Change Management, 5*, 369-380.

Torp, S.M. (2015). *The strategic turn in communication science: on the history and role of strategy in communication science from ancient Greece until the present day. The Routledge handbook of strategic communication.* New York: Routledge.

Trader-Leigh, K. E. (2002). Case study: Identifying resistance in managing change. *Journal of Organizational Change Management, 15*, 138-155.

Tse, H.M., Dasborough, M.T & Ashkanasy, N.M. (2008). A multi-level analysis of team climate and interpersonal exchange relationships at work. *The Leadership Quarterly, 19*(2), 195-211.

201

Tucker, M. L., Meyer, G. D., & Westerman, J. W. (1996). Organizational Communication: Development of internal strategic competitive advantage. *The Journal of Business Communication, 33*(1), 51-69.

Turnbull, S. (1999). Emotional labour in corporate change programmes: the effect of organizational feeling rules on middle managers, *Human Resources Development International, 2*(2), 125-146.

Turnbull, S. (2002). The planned and unintended emotions generated by a corporate change program, *Advances in Developing Human Resources, 4*(1), 22-38.

Val, M. P. d. & Fuentes, C. M. (2003). Resistance to change: a literature review and empirical study. *Management Decision, 41,* 148-155.

Van de Ven, A. H., & Poole, M. S. (1995). Explaining development and change in organizations. *Academy of Management Review, 20,* 510-540.

Van Maanen, J. & Kunda, G. (1989). Real feelings emotional expression and organizational culture, *Research in Organizational Behaviour, 2,* 43-103.

van Vuuren, H. A., & Elving, W. J. L. (2008). Communication, sensemaking and change as a chord of three strands: Practical implications and a research agenda for communicating organizational change. *Corporate communications, 13*(3), 349-359.

Van, D. V. & Poole, D. (1995). Explaining Development & Change in Organizations *Academy of Management Review, 20,* 63-78.

Vanclay, F. (2004). The triple bottom line and impact assessment: How do TBL, EIA, SEA and EMS relate to each other? *Journal of Environmental Assessment Policy and Management, 6,* 265-288.

Varoğlu, A. & Basım, H. N. (2009). *Örgütlerde Değişim ve Öğrenme.* Ankara, Siyasal Kitabevi.

W. W., & Litwin, G. H. (1992). A causal model of organizational performance and change. *Journal of management, 18*(3), 523-545.

Waddell, D. & Amrik, S. S. (1998). Resistance: a constructive tool for change management. *Management Decision, 36*, 543-543.

Walls, J. L., & Hoffman, A. J. (2013). Exceptional boards : Environmental experience and positive deviance from institutional norms. *Journal of Organizational Behavior, 34*, 253-271.

Wanberg, C. R., & Banas, J. T. (2000). Predictors and outcomes of openness to changes in a reorganizing workplace. *Journal of Applied Psychology, 85*(1), 132-142.

Warner, W. K. & Havens, A. E. (1968). Goal Displacement and the Intangibility of Organizational Goals. *Administrative Science Quarterly, 12*, 539-556.

Watson, D., & Clark, L. A. (1997). *Extraversion and its positive emotional core.* In R. Hogan, J. Johnson, & S. Briggs (Eds.), Handbook of personality psychology (pp. 767-793). San Diego, CA: Academic Press.

Watson, G. (1971). Resistance to change. *The American Behavioral Scientist, 14*(5), 745-766.

Webber, A. M. (1999). *Learning for a change.* Retrieve from http://www.fastcompany.com/magazine/24/senge.html?page=0%2C6

Weber, M. (1948). *The Theory of Social and Economic Organization*, New York:OUP

Weick, K. E. & Quinn, R. E. (1999). Organizational Change & Development. *Annual Review of Psychology, 50,* 361-386.

Weick, K. E., (1976). Educational organization as a loosely coupled system, Administrative Science Quarterly.

Wenger, E., McDermott, R., & Snyder, W. M. (2002). *Cultivating Communities of Practice.* Boston MA: Havard Business School Publishing.

Wenting, G.& Palma, E. (2000). Current status of diversity initiatives in selected multinational corporations, *Human Resource Development Quarterly, 11*(1), 35-60.

White, P. (2009). Building a sustainability strategy into the business. *Corporate Governance, 9*, 386-394.

Wick, C. W., & Leon, L. S. (1995). From ideas to action: Creating a learning organization. *Human Resource Management, 34*(2), 299-311.

Wilson, B. G.., Ludwig-Hardman, s., Thornam, C. L., & Dunlap, J. C. (2004). Bounded community: Designing and facilitating learning communities in formal courses. *International Review of Research in Open and Distance Learning, 5(*3), 1-22.

Woodward, N. H. (2007). To Make Changes, Manage Them. *HRMagazine, 52*(5), 62-67.

Woodward, S., & Hendry, C. (2004). Leading and coping with change. *Journal of Change Management, 4*(2), 155–183.

Yang, R. S., Zhuo, X.z., & Yu, H.y. (2009). *Organization theory and management: cases, measurements, and industrial application.* Taipei: Yeh-Yeh.

Yik, M. S. M., Russell, J. A., Ahn, C. K., Dols, J. M. F., & Suzuki, N. (2002). *Relatingthe five-factor model of personality to a circumplex model of affect: A five language study.*In R. R. McCrae & J. Allik (Eds.), The five-factor model of personality across cultures (79-104). New York: Kluwer Academic/Plenum Publishers.

Yorks L., & Marsick V. J. (2000). *Organizational Learning and Transformation.* In J. Mezirow and Associates (Eds.), Learning as Transformation: Critical Perspectives on A Theory in Progress (pp. 329-358). San Francisco: Jossey-Bass.

Zadek,S., PruzAn, p. & Evans, R. (1997). *Building corporate accountability:*

Emerging practice in social and enthical accounting, Auditing and Reporting. London: Earthscan Publications.

Zaltman, G., & Duncan, R. (1977). *Strategies for planned change*. New York: Wiley.

Zammuto, R.F., Gifford, G. & Goodman. E.A. (1999). *Managerial ideologies, organization culture and the outcomes of innovation: A competing values perspective*, in N. Ashkanasy, C. Wilderom and M. Peterson (Eds.), The Handbook of Organizational Culture and Climate, Thousand Oaks, CA: Sage, cited in Bradley, L. & R. Parker, (2006) Do Australian public sector employees have the type of culture they want in the era of new public management? Australian Journal of Public Administration (AJPA), 65(1), 89-99.

Zander, A. (1950). Resistance to change: Its analysis and prevention. *Advanced Management Journal, 15*(1), 9-11.

Zembylas, M. (2006). Challenges and possibilities in a postmodern culture of emotions in education, *Interchange, 37*(3), 251-275.

Zhang, H., & Agarwal, N. C. (2009). The mediating roles of organizational justice on the relationships between HR practices and workplace outcomes: An investigation in China. *The International Journal of Human Resource Management, 20*(3), 676-693.

Zhou K-Z., Tse D., Li J-J. (2006). Organizational changes in emerging economies: drivers and consequences, *Journal of International Business Studies, 37:* 248-263.

Zuckerman, M., & Link, K. (1968). Construct validity for the sensation-seeking scale. *Journal of Consulting and Clinical Psychology, 32*(4), 420-426.

國家圖書館出版品預行編目(CIP) 資料

組織變革 / 蔡金田著. -- 初版. -- 臺北市 : 元
華文創, 2020.01
面 ; 公分

ISBN 978-957-711-141-8(平裝)

1.組織變遷 2.組織管理 3.策略規劃

494.2   108017851

組織變革

蔡金田 著

發 行 人：賴洋助
出 版 者：元華文創股份有限公司
公司地址：新竹縣竹北市台元一街 8 號 5 樓之 7
聯絡地址：100 臺北市中正區重慶南路二段 51 號 5 樓
電　　話：(02) 2351-1607
傳　　真：(02) 2351-1549
網　　址：www.eculture.com.tw
E - m a i l：service@eculture.com.tw
出版年月：2020 年 01 月 初版
　　　　　2020 年 09 月 初版二刷
定　　價：新臺幣 390 元

ISBN：978-957-711-141-8 (平裝)

總經銷：聯合發行股份有限公司
地　址：231 新北市新店區寶橋路 235 巷 6 弄 6 號 4F
電 話：(02)2917-8022　　　　傳 真：(02)2915-6275